專業玩家、咖啡師必備的完全沖煮手冊；
煮出油脂平衡、基底飽滿，適口性佳的濃縮咖啡

義式咖啡的萃取科學

咖啡教父史考特·拉奧（Scott Rao）入行30年暢銷經典！

【特別收錄】台灣版專序

THE PROFESSIONAL BARISTA'S HANDBOOK

Scott Rao
史考特·拉奧——著
魏嘉儀——譯
Aura微光咖啡負責人、Q-Grader咖啡杯測師
余知奇——審訂

本書獻給詹姆斯（James），他慷慨地給予我人生第一堂的咖啡烘焙課，也為美味咖啡定下了崇高的標準。

致謝

我首先要感謝（也最重要）的是尚·齊墨（Jean Zimmer）。謝謝你的知識、指引與友誼，少了你的鼓勵與協助，本書是不可能實現的。也感謝艾力克斯·杜伯斯（Alex Dubois）在全書照片拍攝期間所付出的時間、活力與耐心。最後要感謝安迪·切科特（Andy Schecter）、喬·路易斯（Jon Lewis）、詹姆斯·馬科特（James Marcotte）與東尼·德萊弗斯（Tony Dreyfuss）的專業與極富洞見的回饋。

推薦序

等了十四年，終見中文版！

市面上有許多提及義式咖啡的相關書籍，但內容大同小異，多為點到為止的通識教育。這些書對一般咖啡愛好者或許有幫助，卻難以滿足大部分精品咖啡店經營者（通常本身為咖啡師）及玩家的專業需求。

在我迄今近二十年的咖啡學習與實作歷程中，真正幫助我認識義式咖啡、建構完整操作與知識的出版物共有三本。依接觸時序分別是：大衛．舒默（David Schomer）的《義式濃縮：專業技術大全》（暫譯，原書名為 *Espresso Coffee: Professional Techniques*），以及安德烈亞．伊利（Andrea Illy）的《義式濃縮：品質的科學》（暫譯，原書名為 *Espresso Coffee: the Science of Quality*）。接著，就是史考特．拉奧的這本《義式咖啡的萃取科學》。

安德烈亞．伊利的書之所以經典，是因為裡頭引用大量的論文與研究報告，甚至以電腦建構模型說明義式咖啡的萃取，藉此做出高品質的咖啡。但也正因為科學味太過濃厚，讓這本書閱讀起來非常吃力。相較之下，大衛．舒默的作品單純許多；他清楚整理出義式咖啡在美國西雅圖重新落地萌芽後，因應當地風味與工作環境，延伸出來的一套工作流程，淺顯易懂，但裡頭比較像是在細說工作方式，相對缺少一些理論輔助。簡單來說，伊利這本相當難；舒默那本，好像又太簡單。

至於史考特．拉奧的《義式咖啡的萃取科學》，則是三者當中最

能兼顧理論與技巧的。拉奧在書中用更親民的方式解釋科學現象，並附加圖表以提高理解度。接著，他更透過文字指引與操作步驟圖，協助你將義式咖啡萃取得更理想、更好喝。

只是，義式咖啡僅是咖啡沖煮的其中一種方式，為何需要從一般咖啡的萃取與沖煮中獨立出來探討，甚至寫成一本書呢？

比起滲濾咖啡（filter coffee），義式咖啡有更多需要注意的技巧。兩者最大的差異在於，滲濾咖啡的沖煮水，是利用**自然的地心引力下抽**萃取，但義式咖啡的萃取則是透過**加壓至將近九個大氣壓**才得以完成。

九個大氣壓是什麼樣的概念呢？大家今晚洗澡時，不妨先將水龍頭打開，然後**用手掌把出水口壓住，設法做到滴水不漏**。你會發現，無論如何，這些水都還是會被擠壓成強力水柱，從掌心的縫隙中鑽出（然後把你全身噴得濕答答，所以建議大家洗澡時嘗試）。而這個時候，水壓很可能只有二～三個大氣壓而已。

在咖啡圈裡，對沖煮水有個相當生動的描述：**懶惰的水（lazy water）**。這是因為水在移動的時候，會**找尋阻抗最少的地方，並往那裡鑽**。咖啡師在濾杯把手（portafilter）中填滿咖啡粉，修整、填壓（groom，推平並修飾布粉），形成一個扎實的咖啡粉餅，接著鎖上沖煮頭、按下沖煮鍵，不到幾秒之間，沖煮頭（group head）裡就會填滿九個大氣壓的水；這當中的每滴水，都在努力尋找咖啡粉餅的脆弱點，藉此形成通道捷徑。

從上述「掌心擋水」的實驗中，大家應該已充分感受到水的威力。一杯理想萃取的義式咖啡，就必須有盡善盡美的咖啡粉餅結構，好讓沖

煮水**盡可能均勻地**通過咖啡粉餅。而這理想的咖啡粉餅建構，占據了義式咖啡操作的前半段重點。書中說明了幾種徒手整粉的經典方法：史托克佛萊斯轉動法（Stockfleth's Move）與偉斯布粉法（Weiss Distribution Technique, WDT），都是將原本混亂的咖啡粉重整秩序。

粉餅修整完畢後，得小心翼翼地使用盡量與粉杯尺寸吻合的填壓器（tamper）**垂直填壓**、避免歪斜，才不會讓懶惰的水產生通道捷徑，破壞一杯咖啡的美味。時至今日，坊間已有許多整粉器或者帶有「水平確保」的填壓器，儘管好用且速成，但並不是所有店家都將這些工具視為理所當然的器材投資。在這本書裡，有相當精彩的章節說明沖煮水多麼懶惰、大家又該如何防止**通道效應**（channeling）、甚至**細粉遷移**（fines migration）發生，好讓萃取品質更接近理論上的理想狀況。

除了帶你看懂原理外，書中亦有許多操作步驟分析，例如「義式濃縮咖啡製作流程」。這些看似條列式的文字指引，可能會讓很多人覺得枯燥或太過填鴨，但我們確實能依照書中說明，做出一杯「不離譜」的義式咖啡。因此，這些步驟，也是我在 mojocoffee 教育訓練中會實際拿來應用的咖啡操作指引。

史考特・拉奧曾在高流量的咖啡店工作，現在更擔任專業的咖啡顧問，所以大家可在這本書裡，看到他如何在兼顧產能與品質的前提下，規畫最有效率的吧檯系統。近年來在少子化的影響下，咖啡店的人力有逐年精簡的趨勢。換句話說，每位咖啡師的工作量其實是相對提高很多的。為此，拉奧精心安排了最佳工作安排，例如，單人或雙人咖啡師的高效能流程，以及能讓你空出雙手做更多事的蒸奶平檯，都很值得每位

咖啡業者參考。

此書原文初版於2008年，等了十四年，史考特．拉奧的第一部著作終於有中文版了。這是我的義式咖啡學習歷程裡，很重要的一本書，或者更精準來說，史考特．拉奧的著作之所以本本精彩，正是因為能兼顧理論與實作。他的書，資訊精準度很高，同時，他有一個寫作本事，就是能把很難的事情講得很清楚，對咖啡愛好者、咖啡教育者、咖啡店經營者，以至所有的咖啡工作者，都是相當大的知識啟發。

（本文作者陳俞嘉，逢甲大學工業工程學系畢業，於2003年創立mojocoffee，開始對精品咖啡的探索。店內大小咖啡事樣樣經手，但也因此更堅持貫徹以科學邏輯的方式，來讓咖啡沖煮與烘焙知識具傳遞性。持續擔任生豆公司採購顧問，以及臺灣各級生豆評鑑裁判，致力推廣國內外好咖啡。）

審訂者的話

首部著作，依然實用

不知不覺已到史考特·拉奧著作繁中版的第四本。但其實本書反而是他最早的一本作品，初版於 2008 年。

我在審訂時感觸良多。拉奧關於咖啡沖煮的兩本書（另本為《咖啡沖煮的科學》〔*Everything But Espresso*〕），正好是我在咖啡閱讀經驗上，最早的原文書。所以這一系列的審訂工作，對我來說同時具有溫故知新、回憶當年的意味。而現在這本《義式咖啡的萃取科學》，更是真真切切地「回到了最初」。

不得不說，書中許多當年不求甚解之處，我是在審訂過程中才逐漸清晰起來。例如 preinfusion 及 prewetting，兩者在理解上幾乎同義，都是指「預浸潤」，為何要區分成兩個字？這回審訂時，我才發現作者在釋義中即有明確區分，並嚴謹地對應「義式濃縮」（espresso）及「滴濾咖啡」（drip coffee）兩種使用場景。

本書在第一～五章講解完義式咖啡的製作脈絡後，到了第六章，則改為討論滴濾咖啡，且特別以如今咖啡館已不常見的「營業型美式咖啡機」為例。這樣的現象，也見證了咖啡業界的時代變遷。

拉奧在第六章開頭所批評的滴濾咖啡，在臺灣的例子，就是很早年麥當勞可見，用玻璃壺盛裝保溫、可一直續杯的那種。另一個例子是星巴克的「本日咖啡」。我有段時期去星巴克時，習慣點便宜且快速的

本日咖啡，直到某天店員提醒：「本日咖啡現煮要稍等喔。」才知道原來商家已改變做法。

近十年來，這類型的滴濾咖啡幾乎都已被現點現磨現煮的手沖咖啡取代，新一輩的咖啡人在沒有經歷過的情況下，可能比較難想像第六章開頭提出的批判。不過對於有在接活動、使用桶裝咖啡，或是在展場上需提供大量試飲的從業人員，第六章的內容依然相當實用。

從這點也可清楚看到拉奧著作的**世代定位**。相較前一世代的日式職人書籍——以營業服務、沖煮操作為主的教本，拉奧更多是以**在商業效率前提下、帶入以科學角度分析的觀點**，例如萃取率。這種思維模式確實很美國，也能藉此看到美日文化的差異。如今的咖啡沖煮討論已日趨科學專業化，為此，許多重要的出版著作，也越來越像未來趨勢的研究報告。回顧拉奧這本首部著作，已帶有大量的實作及營業思維；文章中也常常出現針對營業店家及咖啡玩家兩種沖煮情景的不同建議。

臺灣早些年的咖啡論壇上曾有過一些咖啡戰爭，其中許多是玩家及名店之間的辯論。究其因，有一部分是「即便在把咖啡做好這件事上有共識，兩者所面對的困境及需做出的犧牲仍有所不同」。我本身經營咖啡店，很早就聽過「好吃不過家廚」的說法；也記得入行時有位前輩說：「職業吧檯的第一目標不是追求一杯九十九分的咖啡，而是在**忙碌時仍能每一杯都有六十分，然後逐漸變成七十、八十分。**」

除了經營現場面對的挑戰外，另一個引起爭議的原因，是不同時代流行的**風味系統差異**。這部分拉奧在本書中也有提到，可簡略稱為義

大利系統及美國系統。義大利是以一杯濃縮為核心，延伸成卡布奇諾等加奶飲品；美國系統較像是以大杯拿鐵為核心，來回推論合適的濃縮咖啡萃取。擺在臺灣咖啡風味的發展脈絡，就可見著：90 年代較多傳統義大利型態，在義式濃縮上區分 single、double；2000 年之後隨網路論壇的普及，更多受美國新進的英文資訊影響，義式濃縮逐漸轉變成更濃郁的「醬油膏」風格。

隨著時代發展，玩家與店家之間的間距越發模糊，許多當年的玩家開了店；許多店家也精進成了玩家，代代有新人。左腳右腳往前路，有時別忘了身後身。

（本文作者余知奇，臺大哲學系畢業，從事咖啡業二十年；於 2012 年考取 Q-Grader 咖啡杯測師，並於同年開設 Aura 微光咖啡；2017 ～ 2019 年連續擔任臺北國際咖啡節文化總監。除了致力從餐飲實務、感官、科學面研究咖啡外，也特別注重咖啡的文化分析與傳承。）

臺灣版作者專序

科學·數據·量化，重現優質美味

各位臺灣讀者大家好，很開心《義式咖啡的萃取科學》推出繁體中文版。這是我寫於2008年的第一本著作。當時之所以想動筆寫書，是因為那時候我沒能從市面上找到一本書，可協助咖啡師精進技藝，包括如何做出更棒的咖啡，或更有系統地進行沖煮。

為此，這本《義式咖啡的萃取科學》的目標，便是匯集製作咖啡的相關科學文獻、討論我在職業生涯中，將各種數據量化統整後，逐漸發展出的某些技法，並將這一切分享出去；期望人們不僅能習得製作優質咖啡的技巧，更能學會「如何有效地重現這種成果」的系統。畢竟，沖煮咖啡最困難的，就是成功複製出上一次的美味。

我的第二本書《咖啡沖煮的科學》通篇都在介紹「非加壓式」的滲濾咖啡，完全沒有討論到義式濃縮。義式濃縮咖啡的萃取必須利用很高的壓力，強行使水通過咖啡粉；也因為這種壓力，咖啡粉必須研磨得很細，才能對水壓產生阻力。

除此之外，在沖煮時間方面，義式濃縮咖啡的萃取過程非常快，一次通常是20～40秒，而滲濾咖啡的製作一般需要3～5分鐘，並使用較粗的咖啡粉。兩種沖煮方式都有差不多的風味萃取程度，但義式濃縮的風味會集中在30～60毫升的小小一杯，擁有極高的沖煮強度

與濃稠度；同樣的咖啡粉量，則可做出一杯大約300毫升的滲濾咖啡，等量的風味會因此散布於較多的液體中。由此看來，在口感質地與強度方面，義式濃縮也許有更怡人的表現，而滲濾咖啡則可能因為稀釋，口感較為細緻。不過，不同國家的消費者有不同偏好。

製作義式濃縮咖啡的關鍵是布粉，讓濾杯中的咖啡粉能密度分布均勻，如此一來，當沖煮水加壓通過咖啡粉餅時，就無法找到粉餅中脆弱的路徑。對滲濾咖啡而言，布粉或修整就不是那麼重要了，更值得關注的是，確保沖煮水在注入咖啡粉層時，能平均分散其中、落在每一個區塊，並保持相對一致的正確流速。

期望大家能充分享受本書所帶來的樂趣。

史考特·拉奧（Scott Rao）

CONTENTS

本書簡介

當我在大約十四年前（編按：指 1994 年；此簡介寫於 2008 年。）開啟咖啡事業時，我四處閱讀所有能夠覓得的咖啡相關書籍。

然而，讀遍這些著作之後，我仍覺得自己尚未學到如何做出一杯傑出的咖啡。儘管我個人的小型咖啡圖書館裡，充滿了各種關於沖煮風格、咖啡產地與製作配方的著作，其中還參雜了數本深奧到幾乎看不懂的科普書籍。

當時我就想著：若能有一本書，可以寫出「在咖啡館裡沖煮一杯優質咖啡時，究竟需要哪些專業知識與實作建議？」……我願意以我那座小型圖書館的所有藏書來交換！

然而，十四年之後，我還是找不到這樣的書。我知道許多咖啡專業人士，以及某些狂熱的咖啡業餘愛好者，和我一樣仍在尋找這樣的作品。而各位現在手中的這本《義式咖啡的萃取科學》，就是我希望完成大家的心願所做的嘗試。為求完善，書末附有部分專有名詞解釋（於內文中註記原文，統一整理於第 215 頁，並依首字字母排序），以及參考資料（統一以小字編碼加註於相關條目右上方，並整理於第 221 頁）可供各位參考。

CHAPTER 1

準備就緒

建議設備

本書將帶領各位，一同練習與嘗試各種製作咖啡的方法。若大家手邊有下列設備，便能在操作本書介紹的技法時，得到更豐富的收穫。

- 一台商業型（commercial）或產消型（prosumer，指具有產業品質水準，但設計給專業等級消費者〔例如咖啡玩家〕的產品）的義式濃縮咖啡機。
- 一台商業型或產消型的義式濃縮咖啡磨豆機。
- 一支能與咖啡濾杯良好嵌合的填壓器。
- 一支無底（bottomless）或裸型濾杯把手（naked portafilter）。
- 非必要但頗實用的工具：Scace Thermofilter™ 測溫手柄、計時器、溫度計與電子秤。

濾杯把手與填壓器。

「一份」義式濃縮的定義

所謂「一份」的義式濃縮，在不同的咖啡師、各個國家之間所代表的分量皆不盡相同。本書指涉的「一份」義式濃縮，是使用本頁圖表內的數據（範圍較廣）所製作出的濃縮咖啡。＊

義式濃縮咖啡			
水粉比例	萃取壓力	萃取時間	溫度
7～20公克咖啡粉：14～60公克水	7～9巴（bar）	20～40秒	攝氏85～95度

儘管如此，我還是要強調，以上數據**並非我個人推薦的數值**，僅是目前較為常見的做法。其他關於沖煮水、滴濾與法式濾壓咖啡、茶等更詳盡的標準數值，請見第211頁附錄。

＊ 傳統而言，一份義式濃縮的容量大小以體積計算，但使用重量計算反而遠遠更實用。因體積測量可能會受到克立瑪（crema，義式濃縮咖啡的泡沫）的多寡而產生誤判；不同克立瑪的含量很容易誤導人們判斷一份義式濃縮含有多少液體（參見第100頁〈義式濃縮咖啡的水粉比例與標準〉一節）。

味道、香氣、醇厚度從哪來？

萃取（extraction）即是從咖啡粉取出物質。萃取出的物質分為可溶（soluble）與不可溶（insoluble）。大家可參考第 23 頁樹狀圖。

在滴濾咖啡與義式濃縮咖啡中，所謂「可溶物質」指的是溶解於沖煮液體中的固體與氣體。一杯咖啡的**味道**（taste）與**沖煮強度**（brew strength）源自於**可溶固體**；咖啡的香氣則來自**可溶氣體**與**揮發香氣**（volatile aromatics）。[26]

滴濾咖啡中的「不可溶物質」包括不可溶固體與**懸浮油脂**。不可溶固體主要由大型蛋白質分子與咖啡纖維碎塊組成。[26] 不可溶固體與懸浮油脂會結合成**沖煮膠體**（brew colloids），為咖啡提供香氣、**醇厚度**（body）與味道，並透過在液體中釋放原本捕捉到的可溶固體與氣體[26]，以及緩衝酸味（acidity）的作用，轉變咖啡的**風味**（flavor）。

而在義式濃縮咖啡中，不可溶物質為**懸浮固體顆粒**或**乳狀液體**（emulsion）。懸浮固體顆粒主要是咖啡豆細胞壁的碎塊，能影響醇厚度，但與風味無關。乳狀液體就是被周遭液體包圍的**微小油滴**，這些油脂會為咖啡帶來香氣、醇厚度與味道，同時也會因包覆舌頭而降低義式濃縮咖啡 * 的苦味。[9]

---

* 義式濃縮咖啡兑水（bypass value，見第 170 頁）做成美式咖啡後，之所以會變得更苦，就是因為添加的熱水稀釋了油脂物質，使得油脂無法更完整地包覆舌頭所致。

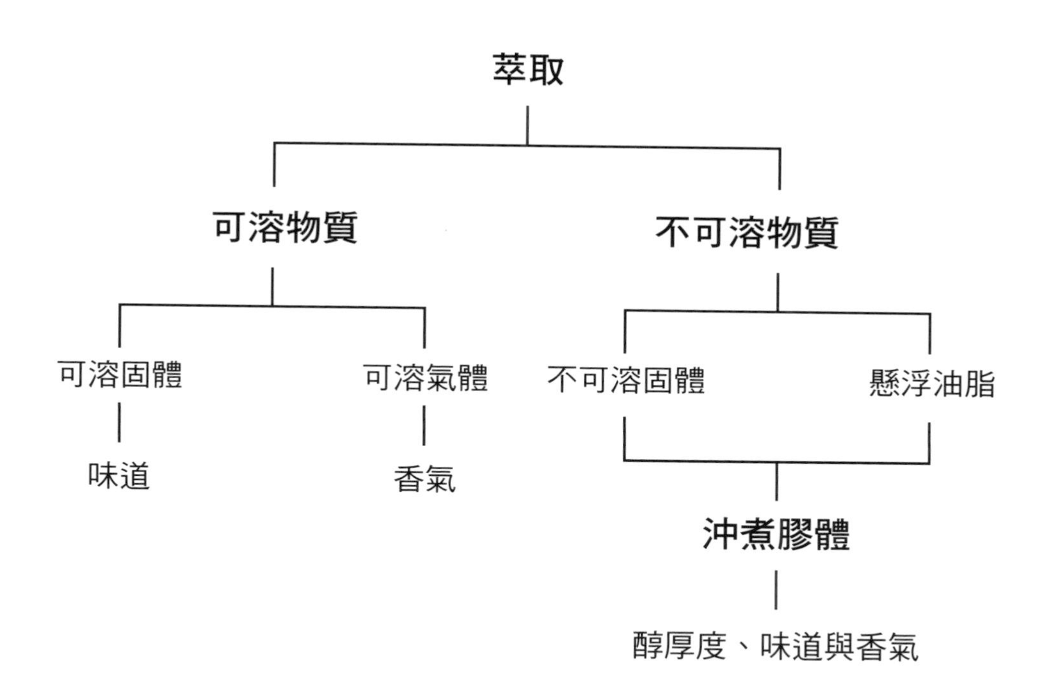
萃取
可溶物質
不可溶物質
可溶固體
可溶氣體
不可溶固體
懸浮油脂
味道
香氣
沖煮膠體
醇厚度、味道與香氣

CAFE

CHAPTER

2

義式濃縮咖啡

一般所謂義式濃縮咖啡，就是一小杯隨客點單製作的濃縮咖啡，咖啡液體上層漂浮著**克立瑪**。不論是咖啡液體或其上的克立瑪，兩者都是同時具有懸浮固體顆粒、乳狀液體與溶解物質的多相系統（multiphasic system，譯註：同時包含多種材料與大小的物質，以及氣體、液體與固體的物理狀態）。[9]

浮在義式濃縮咖啡液體上方的那層克立瑪，主要由**二氧化碳**與沖煮用水的**蒸氣泡泡**組成；包住它們的液態薄膜則來自於**水溶性界面活性劑**（surfactant）。[30] 克立瑪裡也含有懸浮的咖啡豆細胞壁碎塊，或是帶有「虎紋」（tiger striping）或色斑的細粉（fines），另外，還有包裹著香氣的乳化油脂。[30] 義式濃縮咖啡的液體部分則由可溶固體、乳化油脂、懸浮細粉與氣體泡泡組成。[9]

義式濃縮咖啡滲濾：初階課程

以下為義式濃縮咖啡滲濾（percolation）的概略簡介。此部分僅提供初階的基礎介紹，而非全面詳盡的說明。

基礎概念

義式濃縮咖啡的製作方式，是一段**「加壓熱水穿過緊密壓實咖啡粉餅」**的滲濾過程。沖煮用水會在流經咖啡粉餅的同時，沖刷咖啡顆粒表面的固體與油脂，最後將這些物質沉積於杯中。

沖煮用水穿越咖啡粉的**流速**，主要取決於機器提供的**壓力大小、咖啡粉的重量及粗細**。在超過某一壓力值之前，壓力越高，流速越高；一旦超越此壓力值之後，流速就會下降。此外，咖啡粉的粉量越高或顆粒越細，水流受到的阻力就越強，流速也因此變慢。

值得注意的是，沖煮用水在穿越咖啡粉餅的途中，會尋找**阻力最低的路徑**；咖啡師的職責不僅是創造適當的水流阻力，同時也須致力做出**各個部位水流阻力都能均勻一致**的咖啡粉餅。結構不良的咖啡粉餅內部很容易形成使水流高速穿過的通道（channel）。

咖啡粉餅裡若存在通道，將對沖煮強度與風味造成損害。例如，當沖煮水順著通道流過（流量變大）時，義式濃縮咖啡就會被稀釋，同時造成通道周圍的咖啡粉**過度萃取**（overextract）*，並增加苦味。另一方面，由於咖啡粉密度較高的部位通過的水量較少，因此會出現**萃取不足**（underextract）*，並造成風味發展不足且沖煮強度較低。為了將通道效應的影響降至最低，咖啡師必須設法製作出與濾杯內壁緊實密封、表面平整且高度一致，以及各區塊密度相等的咖啡粉餅。

使用無底濾杯把手時，有時能直接目擊通道效應。當濾杯某些區域的**萃取水流較快、或較快變黃**，便代表此處出現了通道效應。

左方的萃取水流變黃，代表此處出現通道效應。

* 「過度萃取」與「萃取不足」其實十分主觀，本段雖然提及這兩種現象，但我的意思並不是滲濾咖啡、茶或義式濃縮咖啡存在著放諸四海皆準的萃取標準。相反地，各位應該將過度萃取視為「大致代表萃取率超過預期」（通常會到過苦或過澀的程度）；萃取不足則是「萃取率低於預期」（通常會使做出的飲品風味發展不足）。

咖啡師扮演的角色

製作一杯義式濃縮咖啡時，咖啡師的基本目標應該是：

- 每一份義式濃縮的**咖啡粉重量與比例**應一致。
- 選擇能夠創造出理想水流阻力的**研磨刻度**。
- 讓咖啡粉分布均勻，以提供水流一致的阻力。
- 以足夠的力道填壓咖啡粉，藉此避免咖啡粉餅內部出現空隙，並密封粉餅表面。
- 確保沖煮用水落在理想溫度。
- 有效率地達成上述目標。

磨豆機扮演的角色

義式濃縮咖啡吧檯裡最重要的設備，其實是**磨豆機**。然而，磨豆機的重要性，通常會被掩蓋在（價格昂貴且閃閃發亮的）義式濃縮咖啡機的龐大陰影之下。實際上，製作出一杯傑出的義式濃縮咖啡，最關鍵的要素，就是磨豆機的品質。一台優質的磨豆機必須具備下列條件：

- 得以產出可提供理想水流阻力的咖啡粉粒徑。
- 得以產出**雙峰（bimodal）**分布的咖啡粉粒徑（參見第 32 頁〈義式濃縮咖啡的研磨〉一節）。
- 磨豆過程中產生的熱能較小，不至影響咖啡粉溫度。
- 能將**咖啡細粉**的產生量降至最低（第三章有更多討論）。

在義式濃縮咖啡的滲濾過程中，沖煮水會將細粉運送並沉澱至咖啡粉餅的下部，此現象稱為**細粉遷移**。當細粉與不可溶的大型蛋白質分子皆沉積於咖啡粉餅底部時，就可能形成**緊密層**（compact layer）[1]，或是緊密壓實的固體物質。緊密層會堵住濾杯底部的孔洞，並阻塞咖啡液體流出的路徑，導致流動阻力不均、引發通道效應。儘管在理想狀態之下，咖啡細粉可成就優質的成品，但過多細粉或細粉遷移過度都將損害義式濃縮咖啡的品質。

義式濃縮咖啡機扮演的角色

義式濃縮咖啡機（以下統稱**義式機**）的任務，是以預先設定好的溫度與壓力模式，將水分帶入咖啡粉當中。這些可預先設定的模式稱為**溫度曲線**（temperature profiles）與**壓力曲線**（pressure profiles）。

一台優質的義式機必須做到：即使是在大量且頻繁的出杯操作現場，仍能為每杯義式濃縮咖啡提供一致的溫度曲線與壓力曲線。

義式濃縮咖啡的滲濾過程

義式濃縮咖啡的滲濾可分為下列三階段：

1. **預浸潤**（preinfusion）：加壓幫浦啟動，隨即進入第一個**低壓且短暫**的預浸潤階段（某些機型會跳過此階段直接進入第二階段）。預浸潤期間，咖啡粉會被緩慢且低壓的水流**浸濕**，咖啡粉餅內部因此有機會重組，並創造更均勻一致的水流阻力。

2. **加壓**（pressure increase）：到了第二階段，壓力漸增、咖啡粉餅逐漸壓實，水流速度也跟著增加。不具預浸潤階段的機型會直接**在加壓時展開滲濾**，儘管這類義式機能製作傑出的濃縮咖啡，但「性情」較為無常多變，對於咖啡師的人為失誤與不穩定也較「不寬容」。

3. **萃取**（extraction）：萃取時，**咖啡液**會從濾杯底部流出。萃取主要源自於沖煮水對固體咖啡粉顆粒表面的沖洗或侵蝕。

洗刷萃取出的咖啡液，最初顏色較深、帶有許多固體，之後才會逐漸稀釋且色澤轉黃。在整段萃取過程中，咖啡粉餅內部固體的移動方向主要為**由上往下**；粉餅上部的固體會率先被移動。當固體被搬運穿越整個咖啡粉餅後，一部分會來到粉餅下部；一部分會沉積於緊密層，最後還有一些會從咖啡粉中被萃取出來，並流入下方的杯子當中。

義式濃縮咖啡機（義式機），左為磨豆機。

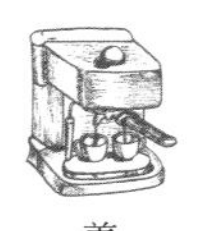

沖煮的強度與量：義式濃縮咖啡

一杯義式濃縮咖啡的沖煮強度取決於**固體物質的濃度**，以傳統義大利標準而言，其濃度為 **20 ～ 60 毫克／毫升**。[9] 而一杯義式濃縮咖啡的**固體量**（solids yield）指的就是萃取過程中咖啡粉被帶出的固體重量百分比；**一杯義式濃縮咖啡中，約有 90% 的萃取物質為固體**。[9] 請注意：在義式濃縮咖啡的討論中，提及的通常是固體物質濃度與固體量；滴濾咖啡則比較適合討論可溶物質濃度與溶解率（solubles yield），也就是**萃取率**（extraction yield）。

沖煮的強度與量之間並沒有直接關係。例如，使用更高溫的水沖煮時會同時增加強度與固體量，但用過量的水穿過咖啡粉餅時，則會降低沖煮的強度並增加固體量。

義式濃縮咖啡的研磨

研磨就是使咖啡豆顆粒細胞碎裂。目的為**增加暴露於萃取液體中的咖啡固體量**。一杯優質的義式濃縮咖啡，往往需要格外細緻的咖啡粉，原因如下：

- 可創造極高的**特定表面積**（specific surface area），這是從顆粒表面快速沖洗出大量固體的必要條件。
- 可打開更多顆粒中的細胞，進而讓更多可溶大型分子物質與膠體物質轉換進入萃取液體。[7]

- 加速**浸潤**（infusion）以及（如果有出現的）**擴散**（diffusion）。細緻的咖啡粉較能讓水分進入細胞；可溶物質從細胞擴散出來的平均路徑也更短。
- 較小的顆粒可帶來更多特定表面積，並使之更緊密地聚集在一起，以提供必要的阻力，使水流穿過咖啡粉餅的流速更恰當。

磨豆機的表現

建議各位在可負擔的狀態之下，把**預算投資在一台最佳的磨豆機**（即使可能必須為此而被迫選擇較便宜的義式機也無妨）。

從磨豆機研磨出來的咖啡粉。

頻繁運轉的二流磨豆機，會因為散發過高的熱能而破壞咖啡風味；也會因為產生結塊、細粉過多或濾杯內咖啡粉分布不均種種問題，導致萃取不均。在這樣的情況下，**不論義式機的品質何等傑出，都無法（是的，就是無法）補償不良磨豆機產生的問題。**

選購磨豆機時，至關重要的一點，就是擁有**銳利的磨盤**。銳利的磨盤可讓磨豆機的馬達更省力、[7] 散發的熱能更低、產生的細粉更少，並創造更理想的粒徑分布。[11]

> 由於定期更換新磨盤的費用不少，建議各位尋找一間願意協助你將磨盤磨尖的在地機械工廠或磨豆機製造廠。在非得更換之前，一塊磨盤大約可磨尖一～二次。

如何評估磨豆機的優劣？

由於一般的咖啡玩家並非職業咖啡師，因此很少有機會需要在一小時內做出超過二或三杯義式濃縮。但也正是因為如此，他們對於各式專業等級磨豆機的表現差異也可能較不敏銳。此外，咖啡玩家在製作義式濃縮時，也比較有奢侈餘裕，得以利用**偉斯布粉法**（參見第 53 頁）等耗時方式，彌補不良磨豆機產生的問題。實際上，若能事先選定一台品質合理的專業磨豆機，將有助於穩定製作傑出美味的義式濃縮咖啡。

相對於此，在咖啡館工作的職業咖啡師，常常必須短時間、快節奏地做出好幾杯義式濃縮咖啡，為此，他們就得更謹慎地選擇磨豆機。

職業咖啡師使用的磨豆機，必須能幫助**粒徑分布均勻**，且能在不斷研磨的繁重工作時**不致過熱**。

我已在前文概略介紹一台優質磨豆機須必須具備哪些條件，以下詳細說明評估磨豆機優劣的要素。

首先，**盡量減少咖啡粉受熱**。由於研磨過程產生的摩擦與對分子鍵結的破壞，對咖啡粉產生某種程度的加熱是不可避免的，但我們會希望避免一種額外熱能：咖啡粉接觸過熱的磨刀盤表面。這類額外熱能會減損咖啡風味，也會加速香氣散失，甚至導致**顆粒表面出油**，進而產生黏稠的咖啡粉結塊＊，使得滲濾變得不穩定。[9] 且由於咖啡結塊難以浸潤，可能使咖啡粉餅在滲濾過程中留下大塊的乾燥區域。

一台設計良好的磨豆機，**內部不會有小型封閉空間**，以避免在密集使用時逐漸累積熱能。鋒利的磨盤、較低轉速與較大的「有效」磨盤表面，都能幫助減輕磨豆過程中咖啡粉的受熱。我之所以強調「有效」磨盤表面，是因為某些磨豆機絕大部分的磨盤表面毫無用處——磨盤之間相距太遠導致難以碾碎咖啡豆。**有效磨盤表面越大**，研磨過程產生的**熱度越能消散**。

＊ 我曾因為使用已磨鈍的小型平刀磨盤（flat burr）而遇到此問題，檢查倒出的咖啡粉餅渣時，才發現每塊粉餅都大約有20～25%的區塊依舊完全乾燥。

接著，要確認是否能有適當的粒徑分布。商用義式濃縮咖啡磨豆機已被設計為產出雙峰粒徑分布，也就是**最常磨出的咖啡粉粒徑，會集中於兩個特定數值**。在雙峰粒徑分布中，粒徑較粗的咖啡粉能創造恰當的水流；粒徑較細的顆粒能為快速的萃取提供必要的大量特定表面積[9]。如同先前提過的，創造理想的粒徑分布必須擁有銳利的磨盤；笨鈍的磨盤則會產出粒徑分布較為一致的咖啡粉。

最後要注意，一台優質的磨豆機必須能研磨出**不會結塊**的咖啡粉。若想測試你的磨豆機，可將數份義式濃縮的咖啡粉倒在白紙上，然後尋找其中是否出現結塊。若真的找到了咖啡粉結塊，請**清潔磨盤**，以及磨盤與咖啡粉槽之間的通道；若發現磨盤損壞，請更換。完成之後磨豆機依舊產出結塊時，可試試偉斯布粉法。咖啡粉結塊的成因可能有：

1. 研磨過程產生過多熱能。
2. 磨豆機設計不良，導致咖啡粉必須從磨盤與咖啡粉槽間的狹小通道擠出。
3. 由於咖啡豆陳放太久或經過深焙，導致咖啡粉顆粒出現大量表面油脂。

儘管咖啡師會想出許多改善咖啡粉分布的聰明方法，但一台優質磨豆機應該不必靠咖啡師修補，就能**創造均勻的布粉**。

某些注粉機可協助咖啡粉分布均勻，但也有某些機器甚至會產出連技術高超的咖啡師都只能投降的糟糕布粉。達成良好咖啡粉分布最容

易的方式，就是磨豆機的出粉口**垂直（而非斜向）地對準濾杯把手**、落下「蓬鬆」的咖啡粉、或是擁有**均質攪拌**功能。

研磨系統：預先研磨 V.S. 現磨

絕大多數商用磨豆機的設計都是預先研磨咖啡粉，注粉槽常常會維持著**裝滿咖啡粉**的狀態。如此一來，咖啡師只須拉動一或兩次拉桿，就會落下所需的咖啡粉量。

此系統設定雖然非常快速且便利，但也有兩項嚴重的缺點：首先，拉動一次拉桿所落下的咖啡粉重量，會受到注粉槽內咖啡粉量的影響，落下的**粉量會因此持續改變**。第二，我們難以掌握客人何時會進門消費，槽中的咖啡粉自研磨完成至浸潤之間的**脫氣**（degassing/outgassing）時間始終不一。

脫氣，指的是咖啡豆逐漸釋放出烘焙過程產生的各式氣體，主要為二氧化碳與某些揮發性香氣。* 咖啡豆磨成粉後，便會急遽加速脫氣。

咖啡粉中的二氧化碳含量之所以重要，是因為這會影響滲濾過程的流速。當咖啡粉接觸熱水，二氧化碳便開始激烈地釋放，** 並推開其周遭的液體、**增加水流阻力、降低流速**。

綜合以上所述，預先研磨的步驟，會導致滲濾時的流速不穩，因為每一份義式濃縮咖啡使用的是擁有不同二氧化碳含量的咖啡粉；不穩的流速則會進一步影響每杯咖啡，使得風味、醇厚度與沖煮強度表現各異，成品的穩定度便因此下降。

由此可知，**現磨會比預先研磨更好**。以現磨咖啡粉製作每一杯義式濃縮咖啡，能為咖啡保留更多香氣並創造更穩定的流速，因為每一杯義式濃縮咖啡都是以擁有穩定含量二氧化碳的咖啡粉製成。現磨咖啡粉唯一的缺點，在於製作每杯義式濃縮都需要更多時間與精力。

---

* 新鮮烘焙的阿拉比卡咖啡豆1公克含有2～10毫克的二氧化碳，[14] 絕大多數報告的數值較靠近此範圍偏低的量值。一顆完整的咖啡豆需要大約數週，才能釋放出如此大量的二氧化碳；而咖啡粉的脫氣速率則是快上好幾倍。一項研究測試顯示，剛烘焙完成的咖啡豆內的二氧化碳，約有45%會在研磨之後的頭5分鐘之內逸散。[10] 典型義式濃縮咖啡的研磨刻度，比此研究實驗的細緻許多，因此二氧化碳的散失速度甚至更快。

** 在義式濃縮咖啡的沖煮溫度之下，二氧化碳在高壓狀態的溶解度會比低壓時更高。義式濃縮咖啡滲濾過程中，咖啡粉餅頂端受到的壓力最高（通常為9大氣壓），而底部受到的壓力則最低（約1大氣壓）。沖煮液體會隨著在咖啡粉餅內下降，壓力漸漸轉小；因此，脫氣會主要出現在咖啡粉餅的下半部。在低壓的預浸潤階段，則是整個咖啡粉餅都會出現大量脫氣。

何時應該調整研磨刻度？

在正常的營業運作中，會影響每杯義式濃縮咖啡之間流速轉變的最重要因素，就是**咖啡豆研磨狀態與粉量**。僅僅 1 公克的粉量差異，相等容量的義式濃縮咖啡的流盡時間，就會**相差數秒鐘**。

因此，當**只有一杯**義式濃縮咖啡的流速不良，且粉量有可能與之前幾杯義式濃縮不同時，咖啡師**不應直接調整研磨刻度**。另一方面，當**好幾杯**義式濃縮咖啡的流速出現漸漸變快或變慢的趨勢，咖啡師就應該能確知需要調整研磨刻度。

想創造穩定的注粉，須注意下列三點：

1. **練習**，讓自己在製作每杯義式濃縮咖啡時，都能以相同的粉量、布粉與修整操作。
2. **不斷練習**，直到每塊咖啡粉餅的重量誤差穩定地限縮於 0.5 公克之內。
3. 在尖峰客流時段，**定期測試**幾次注粉量能否一致。

調整磨豆機的研磨刻度時建議**小量微調**（如下圖）。如果手邊磨豆機的磨盤與注粉槽之間有著小型通道，那麼，完成新研磨刻度調整之後的**頭 5 公克（大約）咖啡粉不應拿來品鑑**。這樣一來，就可有效排除那些先前卡在狹窄通道，或堆積於注粉槽周圍的「老舊」咖啡粉，並避免其造成的不良影響。

咖啡師調整研磨刻度時，應該鮮少會一次超過一格。

注粉與布粉

與許多咖啡專業人士不同，我個人會將注粉與布粉視為一體，因為絕大多數**咖啡粉餅的布粉情況，取決於注粉的過程**。咖啡師進行注粉與布粉的目標，會放在讓每一份義式濃縮都擁有一致的咖啡粉重量，以及均勻的體積和密度分布。粉量若是不一，便會導致不穩定的流速；不均勻的布粉則會造成萃取不均。

若真要我選一個「對咖啡師而言最重要的技術」，也許就是能否穩定做出分布均勻的咖啡粉餅。布粉過程從咖啡粉注入濾杯把手的瞬間就展開了，所以**謹慎地瞄準注粉落點**相當重要。

注粉完畢的濾杯把手。

如何注粉？

以下為各位介紹注粉的做法。

1. 從義式機取下濾杯把手。
2. 敲掉舊的咖啡粉餅渣。
3. 以乾布擦拭濾杯內部；濾杯內壁的濕氣容易使咖啡粉餅邊緣產生通道效應。
4. 檢查濾杯，確認所有孔洞都清乾淨了。
5. 開啟磨豆機。若磨豆機速度較慢，可在步驟 1 便啟動磨豆機。
6. 反覆快速拉動拉桿，同時轉動濾杯把手，讓咖啡粉盡可能地均勻落在濾杯中。倘若濾杯某一區塊的咖啡粉較多，那麼此區域即使事後經過修整，最後的壓實程度依舊會較高。
7. 取得適當的咖啡粉量之後，關閉磨豆機。
8. 濾杯已裝有理想粉量時，請停止注粉。粉量可以**剛好是預計進行萃取的量，或是稍多一些**，為稍後修整時預留額外的咖啡粉。無論各位選擇何種粉量，都必須讓每一份義式濃縮咖啡的粉量穩定地維持一致。

兩種適用於咖啡館的注粉法

無論各位使用何種注粉方式，相較於拉動一次拉桿使大量的咖啡粉落下，**每次拉動都僅讓少量咖啡粉撒下**，會使布粉均勻更容易達成。對於繁忙的咖啡館而言，以下兩種常見的注粉方式已十分實用：

1. **分注法**（The pie piece method）：想像將咖啡粉餅如切派一般，分成幾個楔形區塊。注粉時，沿著濾杯邊緣為每一片「派」填進咖啡粉；接著依序轉動濾杯，讓咖啡粉注入下一片派中。
2. **層注法**（The layering method）。對著濾杯撒下少量咖啡粉的同時，持續移動濾杯，使咖啡粉落成薄薄的一層。接著重複相同步驟，逐一往上疊起第二層咖啡粉……以此類推，直到得到理想粉量（見第 44 ～ 45 頁步驟圖）。

層注法步驟圖

注粉時持續移動濾杯，讓每次拉動拉桿撒下的少量咖啡粉，都能落在粉層的最低點，並逐一往上堆疊。

修整

注粉完成後，在填壓之前，咖啡師須進行修整。修整包括為咖啡粉餅上層重新布粉（若是偉斯布粉法，範圍則是整個咖啡粉餅）、除去濾杯裡過多的咖啡粉（若粉量過高），並推平、修飾咖啡粉餅表面。

修整方式

業界常見的修整方式約有數種，各有優缺點，以下介紹四種。

1. 四方法（The NSEW Method）

四方指的就是**北南東西**四個方向，此修整法很容易學習，對於忙碌的咖啡館而言，速度也夠快。

首先以手指或邊緣筆直的工具，將咖啡粉堆推向濾杯把手前方（即北方），但別將咖啡粉推出邊緣。接著將咖啡粉推近自己（南方），然後是右邊（東方）與左邊（西方）。最後，把任何還留有的多餘咖啡粉推出濾杯邊緣。現在，咖啡粉餅的表面應該呈現平滑且齊高的狀態，沒有任何削過的刮痕或明顯的不平整（見第 47 頁步驟圖）。

使用四方法時，**每推動一個方向，都必須讓濾杯中的「多餘」咖啡粉量保持一致**。修整前濾杯上咖啡粉堆的重量，會深深影響修整後咖啡粉餅的密度。儘管修整完看起來好像沒什麼差別，但修整過程中濾杯上曾堆著「足量多餘咖啡粉」的粉餅，密度會比較高。

四方法步驟圖

首先，將咖啡粉推向離自己較遠的那一端（北方），接著回頭推向手柄（南方），然後是右邊（東方）與左邊（西方）。最後，把任何還留有的多餘咖啡粉推出濾杯邊緣，再進行填壓。

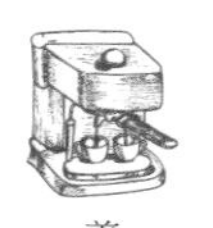

2. 史托克佛萊斯轉動法

此方法也許是最難上手的修整技巧，但十分實用。

首先，在濾杯注入稍微過量的咖啡粉。握住濾杯把手，並置於身體前方，同時保持兩隻手肘向外打開。接著，伸出打直的食指（或伸直食指與大拇指），輕輕地放在咖啡粉上。兩隻手肘一同向內轉動，而濾杯與伸直的手指便會朝相反的方向轉動。此時，咖啡粉堆應該會**順著濾杯中心旋轉**。重複此動作數次，直到所有區塊都平等地填滿與壓實。而在將任何多餘的咖啡粉推出邊緣前，各位也可以快速使用四方法讓粉餅表面平整（見第 49 ～ 52 頁步驟圖）。

除了手指，也有咖啡師偏好使用刮刀修整咖啡粉餅。

史托克佛萊斯轉動法步驟圖（1~2/10）

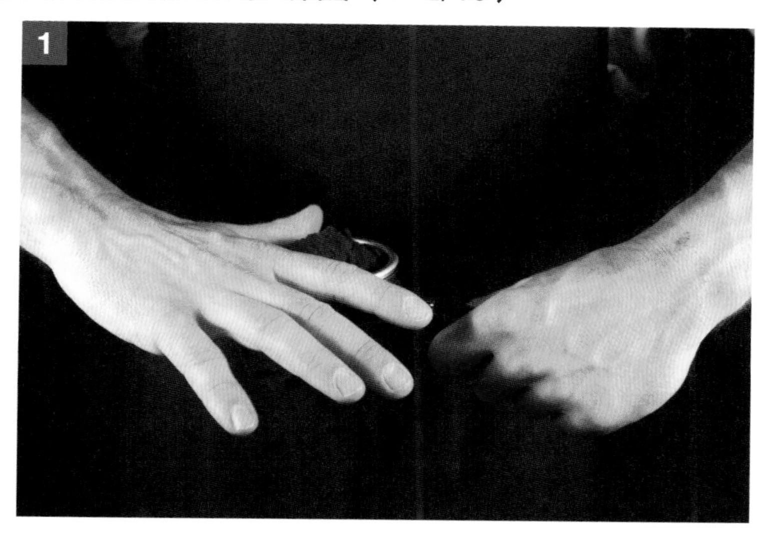

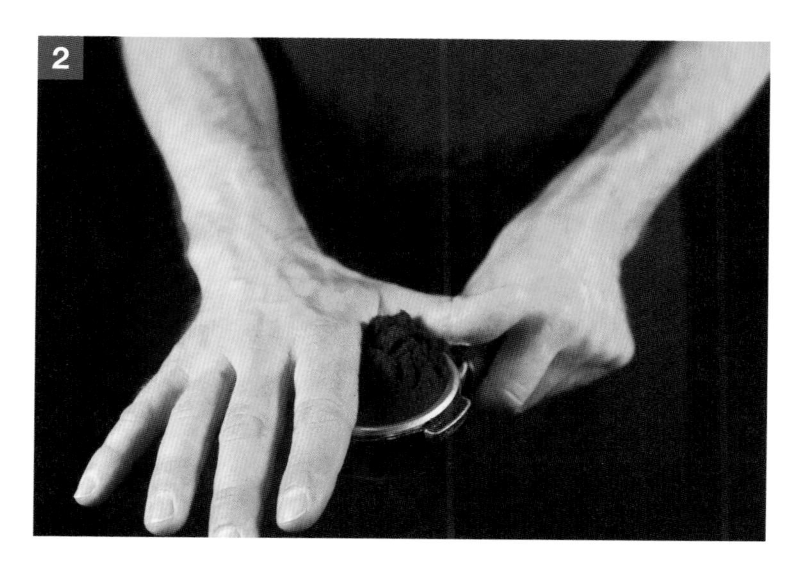

握住濾杯把手，置於身體前方，兩肘向外打開；伸直食指與大拇指，輕輕放在咖啡粉上。

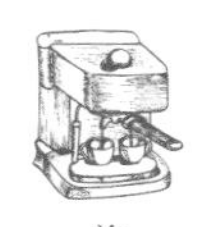

史托克佛萊斯轉動法步驟圖（3~4/10）

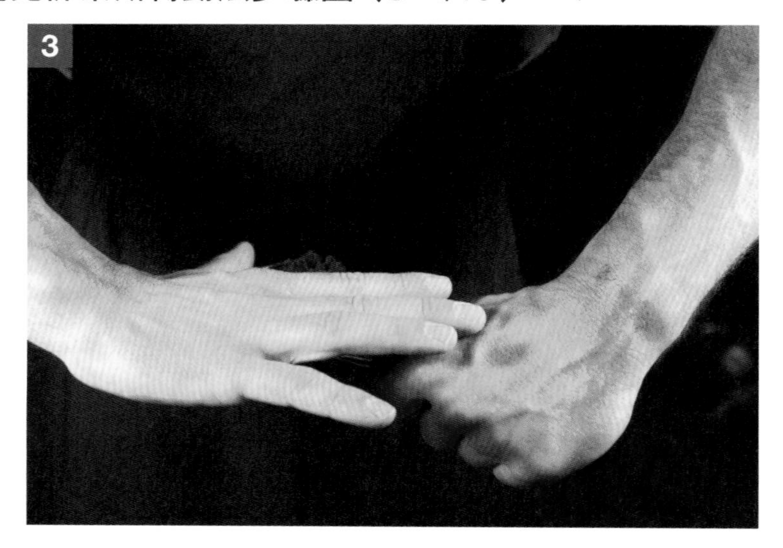

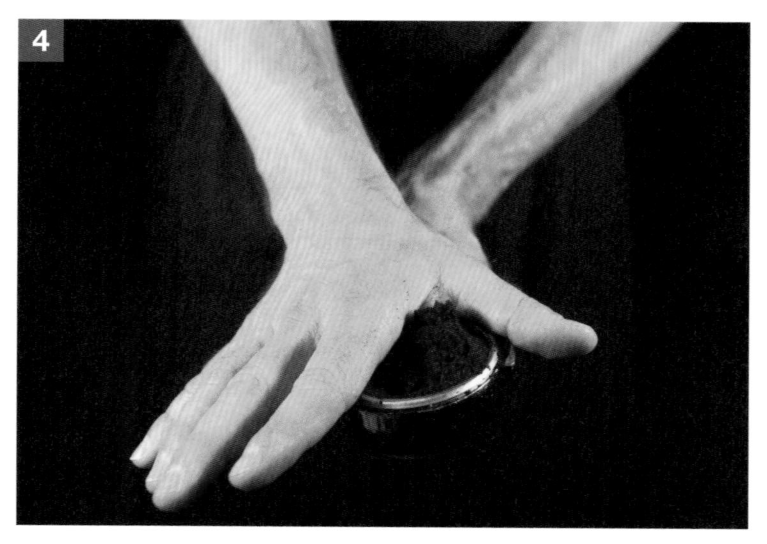

將打開的手肘向內轉，此時濾杯與伸直的手指會朝反方向轉動，咖啡粉堆會順著濾杯中心旋轉。

史托克佛萊斯轉動法步驟圖（5~6/10）

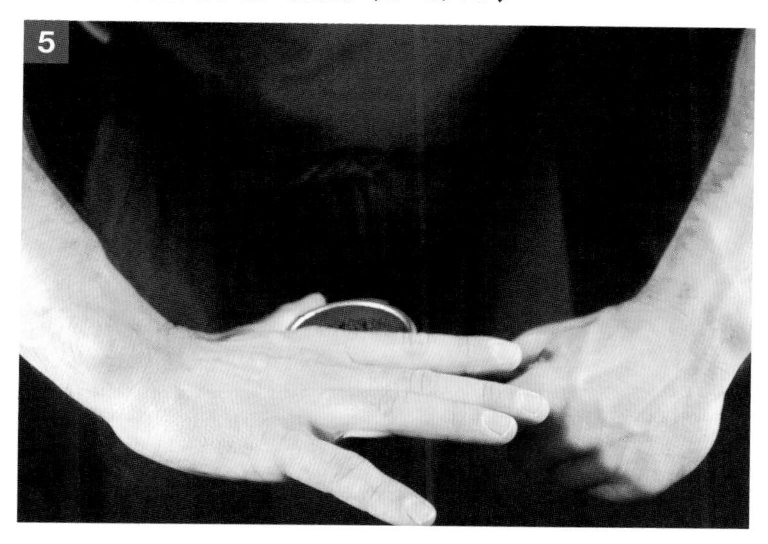

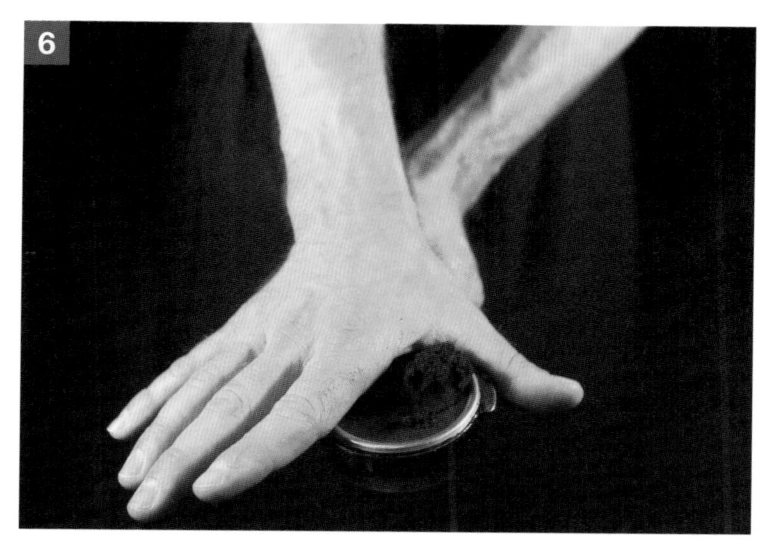

重複此動作數次，將咖啡粉餅壓實。

史托克佛萊斯轉動法步驟圖（7~10/10）

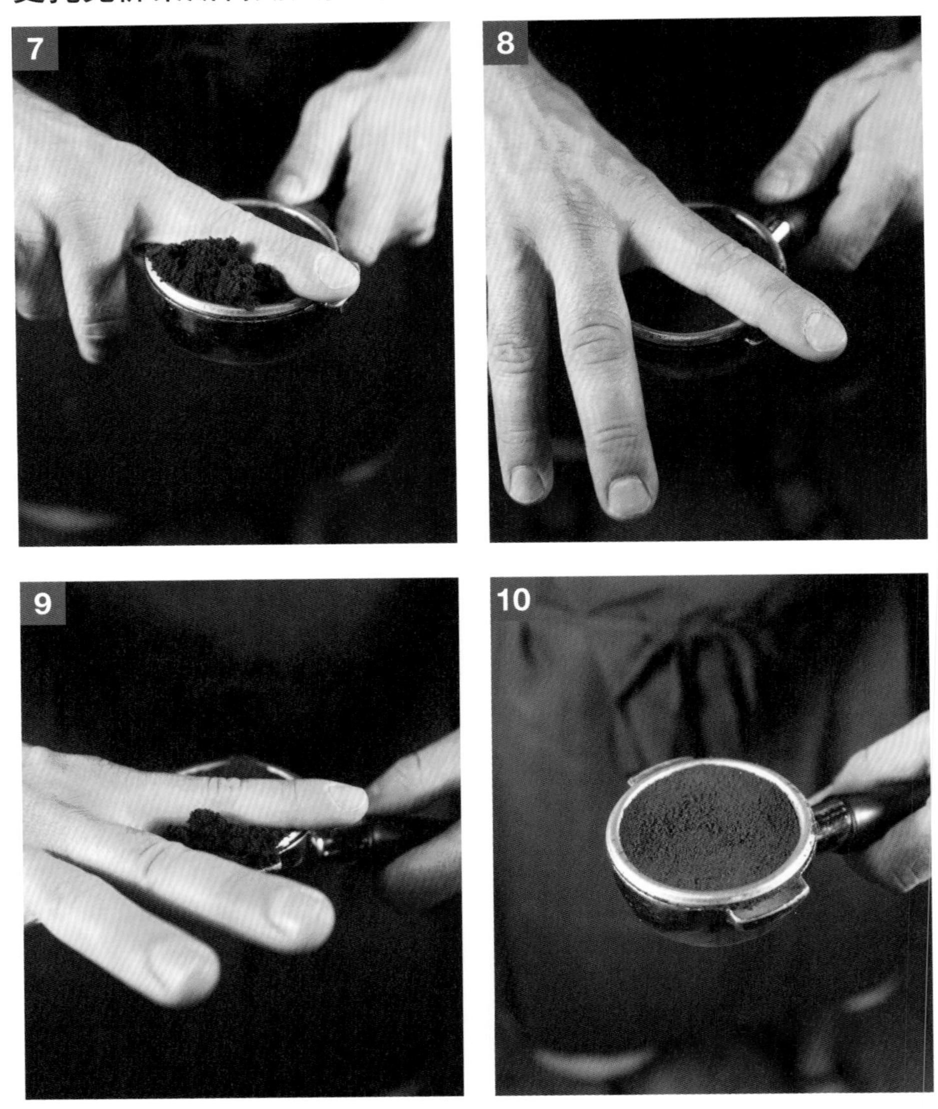

在將任何多餘的咖啡粉推落濾杯邊緣之前，再快速使用一次四方法，使粉餅表面平整。

3. 偉斯布粉法

由約翰‧偉斯（John Weiss）發明，這是一種可以**彌補產生結塊或布粉不均**的巧妙方法。

首先，在濾杯上方放入一個**漏斗**（約翰建議使用切除底部的小型優格杯）；從漏斗上方注入咖啡粉，直到略微滿過濾杯。

接著，拿出細長且頂端尖銳的細桿（例如解剖針或拉直的迴紋針）開始攪拌以破壞結塊。將漏斗移開，並以一次快速的四方法或史托克佛萊斯轉動法修整之後，進行填壓。

大家也可以預先將咖啡粉注入另外準備的容器中，再倒入濾杯之前先行攪拌（見第 54 頁步驟圖）。這種做法的好處在於，濾杯把手較容易保持在高溫狀態，因為濾杯把手從沖煮頭取下的時間較短。

偉斯布粉法具有兩大優勢：既能消除（已置於濾杯中的）咖啡粉結塊，還能為全部的咖啡粉重新布粉。缺點則是在繁忙的咖啡館中，此方法顯得較為耗時。

以拉直的迴紋針破壞咖啡粉結塊

哇！好多結塊。用拉直的迴紋針快速攪拌咖啡粉進行破壞。最後便能得到不具任何結塊、蓬鬆的咖啡粉。

修整淺量注粉

以上提到的所有修整方法，都是從咖啡粉堆足夠堆疊至濾杯邊緣的狀態開始。但當注粉**未到達濾杯框邊時（淺量注粉）**，便完全無法以手指或邊緣筆直的工具（如刮刀）修整。若要修整淺量的注粉，咖啡師有兩種選擇：以**邊緣圓弧的凸形工具** * 修整，或直接改用較小的濾杯。

所謂邊緣圓弧的工具，一般使用磨豆機注粉槽的蓋子，或是**史考帝卡拉漢注粉工具**（Scottie Callaghan Dosing Tool）。這類注粉工具擁有一系列高達四十種不同曲度，可讓手邊只有固定尺寸濾杯的咖啡師，得以修整更多不同程度的淺量注粉。

凸形工具的彎曲程度越高，就越能修整較少的注粉量。

* 以邊緣圓弧的凸形工具進行修整，便會做出凹面咖啡粉餅。填壓之後，咖啡粉餅邊緣的密度將會比中心高。這種密度不均的分布並非理想，但能消除最常見的通道效應來源；做出的義式濃縮咖啡通常擁有良好但不完美的萃取曲線，而且鮮少形成大型通道。

填壓

填壓可將布粉固定下來，並**拋光**咖啡粉餅表面、消除任何咖啡粉餅內可能出現的大型空隙、減少通道效應。敏銳的咖啡師可在填壓的過程中，感受到注粉量、布粉與研磨等狀態。

填壓的力道

與一般認知相反，其實**填壓力道較輕或較重，並不會對流速產生太大差異**。[9]

當咖啡粉餅能被足夠的壓力填壓，並除去粉餅內部的大型空隙，後續任何多餘的填壓壓力對於萃取品質或流速便不會有太多影響。*以下為兩項證明：

1. 填壓所生成的壓力，會在咖啡粉顆粒浸潤瞬間部分或全部釋放。
2. 萃取期間，幫浦施加的壓力超過 500 磅，咖啡師的力道再怎麼扎實，填壓壓力也不過 50 磅，可說是小巫見大巫。**

＊ 許多咖啡師對於強力填壓造成流速變慢的影響常有誤判，此想法背後有個有趣的原因，當注粉量與濾杯大小固定不變時，填壓力道較強會使得咖啡粉餅較密實，因此咖啡粉餅與分水網（dispersion screen）之間的「頂部空間」就會變大。由於在沖煮水以完整壓力滲濾穿過咖啡粉餅之前，必須填滿整個頂部空間，所以額外的頂部空間就會延長幫浦啟動到萃取液流出濾杯的時間；時間的延長使得許多咖啡師誤判了強力填壓影響流速的程度。

＊＊ 壓力9巴（bar）＝130.5磅／平方吋（psi）；58公釐濾杯所承裝的咖啡粉表面積為4.09平方吋，130.5磅／平方吋 ×4.09平方吋＝533.7磅。

同樣是顛覆大家認知的事實：強力壓密的填壓似乎不會帶來任何好處，而以**輕柔力道**填壓則至少有兩項優點。首先，咖啡師的手腕與肩膀所承受的壓力會比較少；再者，咖啡師在這樣的力道下也比較容易做出完美的水平填壓。（各位手邊使用的填壓器與濾杯若能緊密嵌合，應該能馬上理解：當填壓力道很強時，填壓器與濾杯會更常卡住，因為填壓器面未保持水平）。

敲或不敲？

最近一項爭論正是關於「該不該在兩次填壓之間，以填壓器敲擊濾杯把手側邊？」傾向於「該敲」的人們認為，敲擊可使第一次填壓時偷偷附著於濾杯內壁的咖啡粉落下，而這些咖啡粉便可在第二次填壓時，穩穩嵌合於咖啡粉餅中。

就我看來，為了咖啡粉餅內少數幾顆鬆散的咖啡粉，就冒著敲擊可能造成損害的風險，其實**很難看得出價值何在**。敲擊可能會破壞咖啡粉與濾杯內壁之間的貼合狀態，使得咖啡粉餅邊緣出現容易滲濾的通道。在我個人的經驗裡，**斷裂的貼合狀態很難（或幾乎不可能）在第二次填壓時修補**。儘管可能有人可用「不破壞貼合狀態」的方式進行敲擊，但似乎不值得冒上這種風險。

總之，少數幾顆鬆散咖啡顆粒只會形成很小的（或甚至不會造成）問題（我個人不覺得會因此出現問題）。另一方面，咖啡粉餅與濾杯之間貼合狀態的斷裂，反而更嚴重。

某位我十分景仰的咖啡師，習慣用她的**手腕敲擊**（效果有點像香檳錘〔dead blow hammer〕），以降低咖啡粉餅受到的衝擊。如果各位一定要進行敲擊，這種方式也許比直接用堅硬的填壓器敲打更安全。

如何填壓？

請輕鬆地拿起填壓器，將填壓器手柄打直並握取，使之如同前臂的延伸；手腕不必施力，填壓器手柄基底應被穩穩地放在掌心。

輕鬆穩定地將填壓器手柄握在掌心，宛如它是前臂的延伸。

> 將填壓器手柄打直握取，可讓手腕承受的壓力降至最低，這樣的姿勢對於每週都要進行上百或上千次填壓的咖啡師而言十分重要。

接著將填壓器轉向水平，以輕柔的力道將它**擠放**（squeeze）在咖啡粉上方。**無須扭轉或進行第二次填壓**。完成填壓的咖啡粉餅，會呈現表面平滑且水平齊高的狀態（見第 60 頁圖）。

將填壓器移開之後，你也許會看到一些鬆散的咖啡粉留在濾杯內壁或咖啡粉餅上方。若想除去這些零星鬆散的咖啡粉，可**快速上下顛倒**

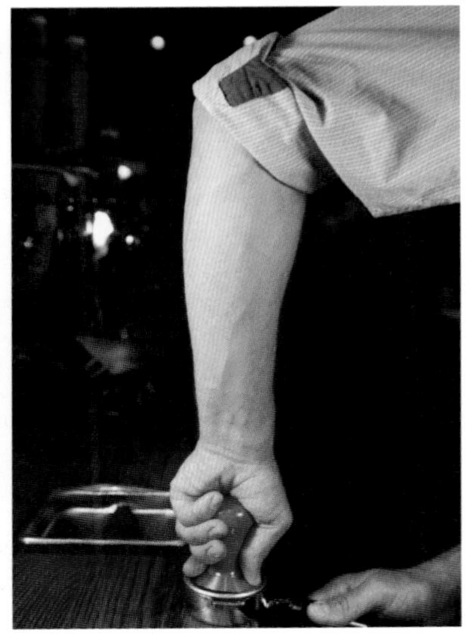

以放鬆的手腕輕輕擠放填壓器，將手腕承受的壓力降至最低。

濾杯把手。接著，將濾杯把手四周邊緣的咖啡粉擦去。最後，輕柔地將濾杯把手扣鎖在義式機上，注意避免敲擊或振動咖啡粉，否則容易破壞咖啡粉餅與濾杯之間的貼合狀態。

以上的填壓動作應快速且小心謹慎地完成，以避免濾杯把手在離開沖煮頭這這段時間散失過多熱能。

完成填壓的咖啡粉餅，會呈現表面平滑且水平齊高的狀態。

填壓器的理想尺寸

填壓器必須能緊貼安放進濾杯之中。若填壓器尺寸過小，咖啡粉餅的邊緣便無法貼合濾杯，粉餅邊緣就有可能出現通道效應。填壓器的理想尺寸應該是**稍微傾斜一點，就能順利卡進濾杯中**。我曾經為了讓填壓器與濾杯合身，**加工削切**過無數個填壓器。目前我找到濾杯與填壓器之間的理想縫隙為**0.005 吋（0.127 公釐）**，也就是兩者直徑長度相差 0.01 吋（0.25 公釐）。較大的縫隙會在一連串多次出杯的過程中，稍稍增加通道效應出現的頻率。某些在地機械工廠或填壓器製造工廠，也許願意製作客製尺寸的填壓器。

絕大多數的商用填壓器的尺寸都相當精準，濾杯的尺寸卻有著極大的差異；我最近向同一位供應商買了一批三份濾杯，這些濾杯的直徑長度差異範圍竟然可以到0.075吋（2公釐）！我發現尺寸一致穩定的雙份濾杯，以及為其量身打造的填壓器，比較容易覓得；但我在購買三份濾杯時就比較沒有那麼幸運。

針對三份濾杯，我的應對策略是：一次下訂成打的濾杯，然後以0.001吋（0.025公釐）的精度測量濾杯們的直徑，最後退回直徑特別大或特別小的濾杯。濾杯主要的直徑長度差異的範圍會落在0.002～0.003吋（0.05～0.075公釐）；這些就是我會選擇留下的濾杯。接著，我才會以濾杯最小的直徑長度為準，將填壓器的直徑加工修改為小於其0.01吋（0.25公釐）。

請留意，58公釐填壓器是專為單份與雙份濾杯所製作，並不一定適合用於所有的濾杯，更不是設計用於三份濾杯。

沖煮水溫

沖煮水溫相當重要，因為這會影響義式濃縮咖啡的風味、沖煮強度與流速。然而，「理想的」沖煮水溫該定為多少，其實受到無數的因素左右，包括使用的咖啡粉、流速，以及最重要的，你的個人口味。話雖如此，幾乎所有咖啡界的專業人士偏好的沖煮水溫範圍，都是落在**攝氏 85 ～ 95 度**。

水溫之於義式濃縮咖啡品質，有以下已經確認的關聯：

- 過低的水溫會做出酸且萃取不足的義式濃縮咖啡。
- 過高的水溫會形成苦、刺激且木質調的風味。[21]
- 較高的水溫會萃取出更多固體物質與更高的醇厚度。[21]
- 較高的水溫會降低流速。[9]

控制沖煮溫度

正式開始萃取一份義式濃縮咖啡之前，咖啡師應該要先妥善沖洗或清洗沖煮頭，如此便能清除殘留於濾網的咖啡顆粒，同時達到調整沖煮溫度的作用。

在操作上，各位可選擇將濾杯把手從沖煮頭**「取下再沖洗」**，也可以把空濾杯把手**「扣合在沖煮頭上」**進行沖洗。

有的沖洗過程可讓沖煮頭降溫；有的可預熱連接沖煮頭的管線；有的則可消除熱交換機（heat exchanger）過高的水溫。每一台義式機的功能不盡相同，因此必須**根據你持有的機型**，對理想沖煮溫度與調壓器（pressurestat）設定等，制定一套沖洗流程。

未扣合濾杯把手的沖洗。亦可將空濾杯把手裝上再沖洗，達到預熱的效果。

多鍋爐義式機的溫度控制

多鍋爐義式機包含一個專門負責製造蒸汽的鍋爐，以及一個或多個負責照料沖煮用水的自動控溫鍋爐。

各位的手邊若能備有一台設計優良且擁有**比例積分微分控制器**（Proportional integral derivative, PID controller，簡稱 PID 控制器）的多鍋爐義式機，就能讓每份義式濃縮咖啡擁有極為穩定的沖煮溫度。

這類機器通常需要非常短暫的沖洗，以創造理想的沖煮溫度。各位可使用 Scace Thermofilter™ 測溫手柄或其他溫度探針，量測各種沖洗水量會有什麼樣的溫度變化。

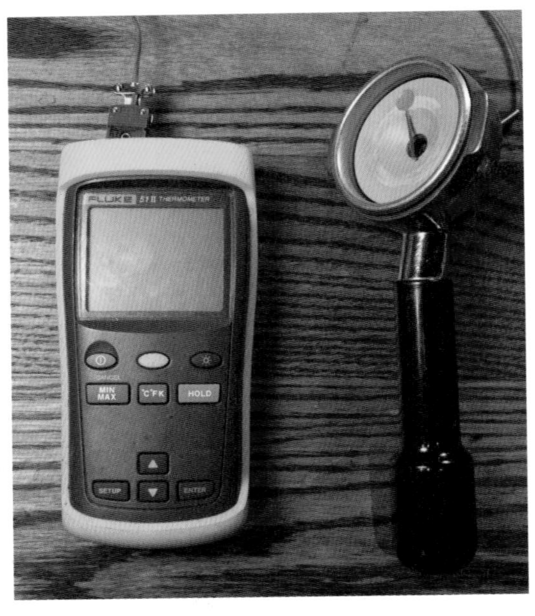

Scace 測溫手柄與 Fluke 數位萬用表（Fluke™ multimeter）。

由控溫器產生的溫度曲線被視為「平緩」，其形狀如同順時鐘旋轉 90 度的字母「L」（見本頁圖表）。根據不同的機型，沖煮水會在一秒鐘之內或數秒之間達到穩定溫度。

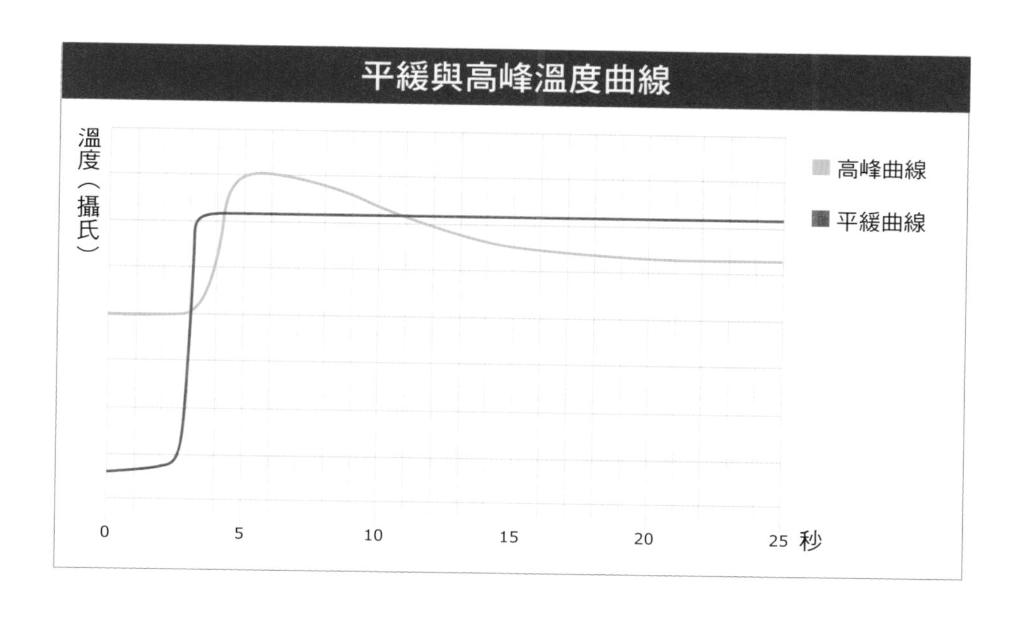

熱交換義式機的溫度控制

在熱交換義式機中，冷水會流經熱交換器，水在流經鍋爐中的細小管線時會開始被加熱，同時一路引導至沖煮頭。絕大多數的熱交換義式機會有熱虹吸循環系統（thermosyphon loop），其中的水會在熱交換器與沖煮頭之間不斷循環。如此一來，既能保持沖煮頭的熱溫，也可以使水溫比起一直滯留於熱交換器中來得更低一些。

然而，熱交換義式機無法不斷讓沖煮水維持恆溫或平緩的溫度曲

線。相反地，水溫會如第 65 頁圖表那樣，在開始萃取的最初數秒之內驟升，接著來到高峰，並穩定地緩緩稍降。*絕大多數熱交換義式機的溫度控制，都須經過以下三步驟：

步驟1：調整調壓器

調壓器能控制鍋爐內的壓力，進而調整溫度；**較高壓會產生較高水溫**。壓力必須設定得夠低，以盡量避免沖煮水出現過熱情形（此與理想溫度相關），但也不可過低，導致影響蒸奶的蒸汽壓力。若是選擇使用很低的鍋爐壓力，請記得為蒸奶管更換孔徑更小的氣孔，以維持足夠的蒸汽速度以做出優質蒸奶。現在絕大多數的調壓器都會讓鍋爐有大約 0.2 巴的壓力彈性空間，溫度也會因此產生大約攝氏 2 度（華氏 4 度）的浮動。

縮減調壓器的**無感應帶**（deadband），能使鍋爐溫度更為穩定，若是各位的義式機可進行改裝，也可安裝更敏銳的調壓器，或是加裝比例積分微分控制器（本章隨後會進一步詳細討論）。

---

* 在製作一杯義式濃縮咖啡的過程中，熱交換義式機產生的水溫範圍頗寬。而我在後段提及的「熱交換義式機每次出杯的溫度差異，都能穩定於控制在約攝氏0.56度（華氏1度）之內」，意思是指如果將許多杯義式濃縮咖啡的溫度曲線畫成圖表，每條溫度曲線彼此之間的落差會穩定地維持在華氏1度的範圍內。

步驟2：調整熱虹吸限流閥（若有此儀器）

熱虹吸限流閥可增進杯次之間的溫度穩定性，也有助於減少沖洗所需的水量。適當的調壓器設定與限流閥尺寸，再加上短暫的沖煮頭沖洗流程，能讓咖啡師持續做出一杯杯沖煮溫度合理且差異小於攝氏 0.56 度（華氏 1 度）的義式濃縮咖啡。

請留意，某些限流閥可以直接調整，但某些限流閥在要更換沖煮溫度時，必須換成不同尺寸。

步驟3：降溫放水

未附上限流閥的熱交換義式機，就需要更多咖啡師的操作處理，才能達到溫度的穩定。使用這類義式機的咖啡師必須視每次出杯的狀態，調整沖煮頭的沖洗時間，此技術稱為**降溫放水**（temperature surfing）。

進行降溫放水時，首先要沖洗沖煮水，直到水流從沸騰的噴濺轉為平靜的時候，再持續釋放大約數秒。噴濺的結束代表熱交換器經過了徹底沖洗。水流持續流出越久，水溫就會降得越低，直到抵達某個最低溫度。一旦停止沖洗，熱交換器中的水就會再度開始加溫。因此，咖啡師為了創造理想的沖煮溫度，就必須同時考慮**沖洗的時間長短**，以及在沖洗與正式開始萃取之間的**間隔時間**。

對一間忙碌的咖啡館而言，應設計一套能**最小化間隔時間**的沖洗標準流程，也就是術語所說的**「即沖即萃」**（flush and go）。此流程包括降溫放水至理想溫度，然後立刻裝上濾杯把手並啟動幫浦。至於無須權衡工作效率的咖啡玩家，則擁有實驗各式沖洗與間隔時間比例組合的餘裕。

各位可考慮在選定一種沖洗標準流程之前，先準確計算各種流程產生的沖煮溫度。測量溫度最簡易的方式就是使用 Scace Thermofilter™ 測溫手柄。大家也可使用其他高速測溫探針，但這類溫度計為了要能測量出在實際沖煮情況下的準確溫度，須在每一杯沖煮時填入新鮮的咖啡粉。如此一來，就很容易讓溫度量測變得昂貴且陷入混亂。

凸起或平緩的溫度曲線

眾多咖啡專家耗費許多精力，忙著辯論凸起與平緩溫度曲線的優劣。實際上，**以這兩種溫度曲線做出的咖啡，其風味差異不大**。不過，在所有義式機上，整個咖啡粉餅在萃取過程之中的溫度都是多變的，尤其是在**萃取初期**。這是因為咖啡粉會在沖煮水進入咖啡粉餅時，開始從中吸收熱能。光是這個事實，就難以支持許多咖啡師對維持平緩溫度曲線的盲目努力。

許多咖啡師偏好平緩的溫度曲線，因為這種曲線**比較容易理解與複製**；要讓每一杯成品或每一台義式機，都能重現凸起的溫度曲線其實比較困難。但是，兩種曲線沖出「最佳」品質義式濃縮咖啡的能力真的沒有多大差異。

如果你有一顆熱愛科技機械的心，而且口袋也有幾百美元的餘裕，可考慮購買Scace Thermofilter™測溫手柄，這是一種數位溫度計，內建資料記錄軟體亦能與你的義式機溫度曲線整合。想進一步了解這方面的使用細節，請參考網站「www.home-barista.com」論壇中豐富的討論，可直接搜尋「daralogger scace fluke」。

比例積分微分控制器

近期，有不少義式機開始加裝比例積分微分控制器，以更精確地控制沖煮溫度。比例積分微分控制器可以微調加熱元件循環的開關。*

在多鍋爐義式機中，比例積分微分控制器會直接用在沖煮水鍋爐，除了作為精密的自動控溫，也能持續提供小數點第一位的細微溫度變化數值。如果各位願意花費6000～一萬美元購買一台多鍋爐義式機，推薦各位再多花幾百美元增添一台比例積分微分控制器，這將大大改善溫度的穩定狀態。與熱交換義式機相比，比例積分微分控制器是用維持穩定鍋爐水溫的方式，間接地掌控沖煮水溫，此舉反而能讓熱交換器更為穩定。

* 比例積分微分控制器使用回饋迴路控制輸出熱能，計算的方式便是基於「錯誤」，也就是實際鍋爐溫度與理想（預設）鍋爐溫度的相差。此控制器的計算結果依據三項參數：比例（proportional）、積分（integral）與微分（derivative）。比例計算會根據錯誤量的大小調整熱能輸出，積分計算的是時間錯誤量，而微分計算流速錯誤量。

為熱交換義式機安裝一台比例積分微分控制器，常被視為有點浪費錢，因為一台價格更實惠的精準調壓器，也能達到相對穩定的溫度控制。然而，比例積分微分控制器既可提供即時的鍋爐溫度讀數，也能讓改變溫度設定變得更快速又便利，而無須依靠猜測。

分水溫度與萃取溫度

沖煮用水從分水網流出時的溫度（**分水溫度**）與咖啡粉萃取時的實際溫度（**萃取溫度**）頗為不同。許多咖啡師執著於分水溫度，卻不太重視萃取溫度，然而，決定一杯義式濃縮風味的當然是萃取溫度。

為何分水溫度與萃取溫度會不同？從萃取一開始，咖啡粉、濾杯與濾杯把手會**吸收來自沖煮水的熱能**，使得萃取溫度小於分水溫度。當萃取流程繼續進行，咖啡粉餅的溫度會逐漸上升，而萃取溫度也因此提高，最終，若是滲濾咖啡粉的水量夠多，萃取溫度就會漸漸接近分水溫度。影響萃取溫度的主要因素如下：

1. **分水溫度**。此為最主要的影響因素（第 81 頁有更多討論）。分水溫度大約等於萃取溫度的最高溫。
2. **濾杯把手的重量與溫度**。冰冷的濾杯把手會使萃取溫度急劇下降。為保持濾杯把手的熱度，請盡量縮減將濾杯把手從沖煮頭卸下後進行注粉與填壓的時間。
3. **咖啡粉溫度**。每一杯義式濃縮的咖啡粉溫度變化不大，因為幾乎所有咖啡館的咖啡豆都存放於室溫，而且幾乎所有磨豆機研

磨完成的咖啡粉溫度僅會略高於環境溫度。

4. **粉量（注粉量）**。咖啡粉重量越高，從水中吸取的熱能就越多，如此一來，萃取起始溫度就會跟著變低。
5. **水量**。當越多水流經定量的咖啡粉時，平均萃取溫度就會越高。

義式濃縮咖啡製作流程

截至目前為止，我們已分別說明了沖煮義式濃縮咖啡的種種細節。現在，我會將各項因素集結，為各位介紹製作一杯義式濃縮咖啡的完整流程。請注意，以下介紹的僅是單一系統的範例；若各位手邊的設備與我不同，各項順序應該會不太一樣。例如，如果你的磨豆機速度較慢，你的第一個步驟應該是啟動磨豆機。

1. 卸下濾杯把手。
2. 如果各位的義式機需要較長的沖洗時間，請在此時開始沖洗。並在適宜時停止。
3. 敲掉用過的咖啡粉餅渣。
4. 將濾杯擦拭乾淨且乾燥。確認所有濾杯的濾網孔洞皆已潔淨。
5. 開啟磨豆機（如果各位的磨豆機速度很慢，可考慮在步驟 1 就啟動磨豆機）。
6. 開始注粉。注粉的過程中請持續轉動濾杯把手，讓咖啡粉均勻地散布，直到濾杯填滿。

7. 咖啡粉量適當時，請關閉磨豆機。
8. 完成注粉。
9. 修整咖啡粉餅。
10. 確認填壓器是否乾燥，且未沾有任何咖啡粉。
11. 輕輕地填壓。
12. 從濾杯邊緣抹掉鬆落的咖啡粉。
13. 如果各位的義式機只需要很短的沖洗時間，請於此時沖洗。
14. 將濾杯把手扣回沖煮頭上，啟動幫浦。
15. 觀察無底濾杯把手下方咖啡液流出之處。如果立即出現通道效應，請思考可能因素並解決它，接著回到步驟 1 從頭來過。
16. 根據你的理想咖啡量或色澤，決定何時停止水流。
17. 盡快將這杯義式濃縮咖啡端上桌。
18. 如果流速比預期更快或更慢，可考慮調整咖啡豆研磨刻度。

如何以雙眼辨識「理想的義式濃縮咖啡」？

我同意，咖啡師無法僅依靠**雙眼**就知道一杯義式濃縮咖啡嘗起來如何。不過，當咖啡師與某種咖啡豆或某台義式機培養出了緊密關係，就可直接從外觀線索，看出一杯義式濃縮咖啡的品質。

如何以視覺評估義式濃縮咖啡品質？以下提供實用的大致方針。

請注意，咖啡液流出的情形與顏色轉變的過程，會因不同咖啡豆與義式機而有所差異（我這次觀察使用的是無底濾杯把手操作）。如果各位的義式機可進行預浸潤階段，幫浦啟動之後，大約需要 3 ～ 10 秒的時間，咖啡液才會從濾杯底部出現。如果沒有預浸潤階段，咖啡液大約只需要 2 ～ 5 秒就會現身。無論是哪一種，我們都將**咖啡液出現的那一瞬間**設定為起始點。

起始之後的最初 2 秒鐘，濾杯下方的所有孔洞都應該會出現**深褐色的萃取液**。如果在這一開頭的 2 秒鐘之間，僅部分孔洞流出咖啡液而其他的沒有，便代表出現了萃取不均的現象。

第 3 ～ 5 秒，應該會看到**濃稠的褐色咖啡液**從濾杯滴落。此時若是出現**黃色咖啡液**，則表示咖啡粉餅內部形成了通道、咖啡粉粒徑過大，或是萃取溫度不恰當。

第 8 ～ 12 秒，原本一滴滴落下的咖啡液，會匯聚成一道**橘褐色的流體**。接著，流出的咖啡液色澤將**逐漸轉黃**。

根據不同的**理想義式濃縮水粉比例**（espresso brewing ratio）及理想的風味表現，一杯義式濃縮咖啡應會在 **20 ～ 40 秒**內完成。

預浸潤

預浸潤是指在加壓至完整且一致的水壓之前，**以低壓狀態浸潤咖啡粉的短暫階段**。無數咖啡專家（包括我）都發現大部分擁有預浸潤功能的義式機，在操作預浸潤後，可減少通道效應發生。在這之後，義式機在滲濾時，便能更有效地彌補布粉、填壓或研磨刻度的瑕疵。

為何預浸潤有此功效？

相較於以完整水壓浸潤咖啡粉，低壓狀態的預浸潤是運用流速更緩慢的水流來使咖啡粉濕潤。緩慢的流速能讓咖啡粉**自行膨脹並重新分布**，使彼此在完整水壓啟動前更為黏合。預浸潤有以下兩項優點：

1. **降低通道效應發生的機率。**我發現無數台義式機在經歷預浸潤階段後都有這樣的好處。而在萃取滴濾咖啡時，先將咖啡粉層進行預浸潤（編按：依原文，滴濾咖啡的預浸潤稱為 prewet/prewetting），同樣也有降低通道出現的效果。
2. **減少細粉遷移。**細粉遷移與流速兩者成正比。[1] 緩慢水流的浸潤能使更多細粉被周遭膨脹且黏合的咖啡粉困住，因此較少細粉會在後續階段遷移至咖啡粉餅底部。本章開頭曾經提到，減少細粉遷移能讓咖啡萃取更為均勻。

由於上述主張曾引起不少爭議，我要在此好好說明清楚：儘管採

用預浸潤手法並不代表「必能再提升最佳義式濃縮咖啡的品質表現」，但預浸潤**幾乎一定能提高做出絕佳義式濃縮咖啡的機率**。即使是集天賦與經驗於一身的咖啡師，也能感受到「預浸潤提升了品質穩定度」。換句話說，在一間咖啡師技術程度各異的忙碌咖啡館中，預浸潤能讓成果更穩定一致，提高做出高品質義式濃縮咖啡的機率，同時無須不斷忙著調整研磨刻度。

常見的預浸潤方法

預浸潤的方法非常多。但不脫下列概念：只要能在連續升壓過程的前期提供**低壓注水**，就會有幫助。以下為幾個最常見的預浸潤方法：

1. 手動式預浸潤

咖啡師會以低壓狀態浸潤咖啡粉，並控制何時啟動完整的壓力。這種方式會用於**拉霸義式機**（lever machine）與部分**半自動義式機**。手動預浸潤須透過實驗，以找到預浸潤的時間長度與壓力的最佳組合。以下是一個很好的起始基礎：將義式機的**預浸潤壓力**設定為 3.5 ～ 4.5 巴（51 ～ 65 psi），然後分別測試**預浸潤時間 3 ～ 10 秒**的樣本成果。

2. 漸進式預浸潤

當沖煮用水進入附加於沖煮頭的彈簧加壓預浸潤水槽時，浸潤會以低壓狀態開始。一旦沖煮水裝滿沖煮頭與預浸潤水槽時，加壓彈簧會拉長，使得咖啡粉餅受到的壓力逐漸增加。

3. 流量限制

此方式會以小型的限流閥或**噴嘴**（gicleur），來減少進入沖煮頭的水流。藉此創造起始浸潤與進入完整水壓之間的間隔。某些人認為這種方式並非真正的預浸潤，但流量限制能達到類似預浸潤的效果。在沒有低壓預浸潤設計的義式機上，加裝小型噴嘴其實是頗為聰明的方式。許多義式機零件供應商都有提供各種尺寸的噴嘴。

4. 電子式預浸潤

此設計的加壓幫浦會在浸潤最初的數秒之內，經過一次或數次的反覆開關。這類方式無法讓咖啡粉餅擁有足夠的濕潤程度，而且似乎也沒有明顯的幫助。因此我個人並不推薦此方法。

5. 其他考慮因素

當製作流程加入了預浸潤時，為了維持流速，就必須將研磨刻度調整得較細。其他會受到預浸潤連帶影響的因素，還包括沖煮頭的設計、注水噴頭的樣式，以及分水網與咖啡粉餅之間的空隙大小等。由於製作過程中能影響一杯義式濃縮咖啡成果的因素眾多，因此，想讓任何一台義式機或任何一種咖啡豆能有最佳表現，必須經過**不斷實驗與盲品**（blind taste）。

三份短萃義式濃縮咖啡的誕生
（一則虛構故事，但與後段內容有關）

很久很久以前，一座位於義大利里雅斯特（Trieste）附近山丘間的小鎮，每日早晨，山巒咖啡館（Hilly Caffee）都會聚集了許多當地長者，他們時常一邊揮舞著不同手勢，一邊激烈地討論各種話題，同時喝著美味的小杯卡布奇諾（cappuccini）。數十年如一日，這群長者深愛山巒咖啡館那完美平衡了牛奶與義式濃縮風味的卡布奇諾。

某天，一位名為「牛奶人」（Milk Man）的美國商人走進了山巒咖啡館。當地人無不用警戒的眼神看著這名陌生人，心中想著「他真是不尊重這裡的咖啡規矩」。因為此人總點一杯義式濃縮咖啡與一大杯蒸奶，然後一起倒入一個巨大可憎的紙杯裡。

牛奶人回到美國之後，創立了一間間連鎖咖啡館，向美國人分享他的迷人義大利咖啡館經驗。牛奶人創辦的義大利咖啡館沒有什麼特殊氛圍、沒有手勢飛揚的義大利人，也沒有 6 盎司的小杯卡布奇諾，反而有著一個個用超大紙杯裝著的大量蒸奶與一點點義式濃縮咖啡。幸運的是，「越大越好」之於美國，就如同「教宗是天主教徒」之於義大利，都是天經地義般的真理。

就在牛奶人忙著以大量熱牛奶與少少義式濃縮咖啡，賺進數十億美金的同時，另一位咖啡館老闆正醉心於製作小小杯的深色義式濃縮，以及描繪出美麗的拉花，他的名字是「溫度人」（Temperature Guy）。某一天，溫度人寫了一本關於深色義式濃縮咖啡與美麗拉花拿鐵的書籍，《那些關於穩定溫度的痴迷》（*Obsessing Over Temperature Stability*）。這本書大為暢銷。但牛奶人是否也讀過這本書，就不得而知了。

在這本書問世之前，美國全境許多小咖啡館的咖啡師都忙著製作大杯拿鐵，試著重現牛奶人的濃郁風味口感。但是，少了牛奶人的行銷天賦及原創地位，他們都無法與牛奶人競爭。幸運的是，溫度人出版的書給了他們一個如何做出勝過牛奶人拿鐵的解方：**雙份短萃義式濃縮咖啡**（double ristretto）。

詳讀了溫度人的著作之後，咖啡師開始使用雙份義式濃縮濾杯，做出小杯的深色濃縮咖啡，也漸漸開始在**客人點單之後才現磨單杯的咖啡豆**。咖啡師開始為單杯義式濃縮咖啡各自現磨咖啡豆，也依照溫度人的建議，採用揮指注粉法（finger strike dosing）。使用揮指注粉法時，咖啡粉量要與濾杯頂端齊高，甚至高於頂端邊緣，接著以手指畫過濾杯頂部，讓咖啡粉變得平整。使用揮指注粉法的咖啡師最終的注粉量，常常會不經意地比濾杯標準設計的更多。[6]

即使採用了溫度人的方式，許多追求品質的美國咖啡師依舊對於自家咖啡館裡的咖啡風味強度感到不滿意。然而，若想追求風味強度更高的拿鐵，咖啡師仍必須克服一項兩難：應該使用兩支濾杯把手做出一杯大杯拿鐵？還是用一支濾杯把手，但提高注粉量？由於利用兩支濾杯把手製作出一杯飲品，所需花費的時間成本過高，因此咖啡師開始發展出**三份短萃義式濃縮咖啡**（triple ristretto）。

以如此高注粉量製作義式濃縮咖啡，其實對於飲品的品質與咖啡師必須做出的額外調整，都蘊藏了許多連鎖影響。較高的注粉量會吸收更多沖煮水的熱能，因此咖啡師必須拉高沖煮溫度。較高注粉量也會產生更多水流阻力，因此必須加大咖啡粉粒徑，讓萃取時間能維持在傳統的（也有人認為是教條式的）25秒鐘。而堪稱最重要的影響，應該就是咖啡師在增加注粉量的同時，並未增加最後做出的咖啡容量，因此增加的就是義式濃縮咖啡的水粉比例。

義式濃縮咖啡的水粉比例，就是**乾燥的咖啡粉重量與最後咖啡液體重量的比例**。水粉比例越高，最終咖啡液體的固體物質越少，咖啡通常也較為清淡且酸度更高，常常會顯得尖酸或過於尖銳。當水粉比例較低時，最終咖啡液體的固體物質便較多，咖啡風味也會變得較為圓潤柔和，帶有較多甘苦與焦糖調性。

近期，吉姆（Jim）發表了一篇相當傑出的研究文章[6]，內容討論了高注粉量對於溶解率及風味表現的影響*。美國各路科技技術導向的咖啡師幾乎瞬間都研讀了吉姆的文章，同時一面搔著腦袋，思考該如何消化這項新資訊。諷刺的是，許多咖啡師因此重新發現始終不變的山巒咖啡館——那兒的義式濃縮咖啡有著數十年如一日的美味。

坐在山巒咖啡館裡的人們，依舊享受著他們充滿焦糖香甜的小杯義式濃縮咖啡與卡布奇諾。偶爾，當來自美國的咖啡師走進山巒咖啡館時，原本擾攘的爭論與飛舞的手勢都會靜下來，他們都想聽聽這位美國人點些什麼。當美國人說「麻煩來杯義式濃縮咖啡（caffè normale）」時，咖啡館裡的人們會輕輕地點點頭，帶著微笑回到原本的爭論。

* 該篇文章提到的是溶解率，而非固體物質量。雖然如今吉姆已經進一步做出更多修正，但這份研究文章大部分的內容，對於咖啡師依舊深具價值。

義式濃縮咖啡製作：義大利 V.S. 美國

在過去二十多年之間，沒有任何義大利咖啡師發展出新的義式濃縮咖啡製作技巧，同時，許多義式濃縮咖啡的文化也漸漸偏離了傳統。以下將聚焦於比較義大利與美國在標準注粉量與沖煮溫度上的差異。

標準注粉量

在義大利，一般的注粉量大約會是單份（1 盎司或 30 毫升）6.5 ～ 7 公克；雙份（2 盎司或 60 毫升）則是 13 ～ 14 公克。歷史上，這些數值會搭配預先研磨，以及標準的單份與雙份濾杯，做出水粉比例與沖煮強度落在某一範圍內的義式濃縮咖啡。

最近，許多美國咖啡師開始採用較高注粉量，常常**大於 20 公克**。在更為追求進步的咖啡師之間，一般單份的注粉量已從義大利風格的 7 公克，發展至一杯注粉量為 14 公克的**雙份短萃義式濃縮咖啡**，再至**過量的**（超過 14 公克）雙份短萃義式濃縮，最終演變為**三份短萃義式濃縮**。這類咖啡並非傳統意義的短萃義式濃縮咖啡（傳統的短萃義式濃縮為以單次注粉做出非常少量的咖啡），而是最終咖啡液體維持標準容量（1 ～ 1.5 盎司），但以更多（再更多）的注粉量製作。儘管這些新發展出的標準注粉量並非各地皆一致，但都頗為重要，因為都是由眾多最受崇敬的咖啡館所採用。而注粉量的演變其實是因應了兩項發展：其一是美國飲品較大的尺寸，其二則是現磨咖啡粉逐漸流行。

溫度差異：義大利 V.S. 美國

我常常在想，為何這麼多義大利咖啡師的分水溫度，都落在**攝氏 85 ～ 91 度**的範圍內，而許多美國咖啡師（尤其是公認頗為進步革新的咖啡師），使用的分水溫度卻是**攝氏 92 ～ 96 度**。原因之一，應該就是大多數義大利咖啡師會以 7 公克的咖啡粉做出 1 盎司的義式濃縮咖啡，而很多美國咖啡師則用 18 ～ 21 公克的咖啡粉萃取出相同容量的咖啡。如此一來雖然分水溫度不同，但兩個系統最終都會獲得相似的平均萃取溫度。

何以如此？因為美國風格中**較大的注粉量，會吸收更多沖煮水的熱能**。讓我用以下一則有趣的假想實驗，為各位解釋清楚：如果準備攝氏 27 度的 7 公克咖啡粉，以及攝氏 88 度的 30 公克水（應為義大利「山巒咖啡館」一杯 1 盎司義式濃縮的一般水量），一同放進經過預熱的容器中，混合之後的溫度應為攝氏 82.8 度。接著，若將攝氏 26.7 度的 21 公克咖啡粉，倒入裝著攝氏 95.3 度 38 公克水（應為美國「溫度人」一杯 1 盎司義式濃縮的一般水量）的相同容器中，混合後溫度（大約）會是攝氏 82.8 度。以上實驗假設 1 公克的咖啡粉會吸收 1 公克的水量。

我將這項假想實驗的數據整理成第 82 頁的圖表。

乾燥咖啡粉與熱水混合後的溫度平衡		
	山巒咖啡館	溫度人
水的重量（不含損耗）（公克）	30	38
水溫（攝氏）	88	95.3
乾燥咖啡粉的重量（公克）	7	21
乾燥咖啡粉的溫度（攝氏）	27	26.7
乾燥咖啡粉的比熱	0.4	0.4
義式濃縮咖啡的重量約值（公克）	23	17
體積／重量的比例約值	0.04	0.06
總重量約值	0.9	1.0
平衡溫度（攝氏）	（82.79 ≒）**82.8**	（82.88 ≒）**82.8**

以上數值的計算方式：

山巒咖啡館：82.79 = [30 x 88 + (7 x 27 x 0.4)] / [30 + (7 x 0.4)]
溫度人：82.88 = [38 x 95.3 + (21 x 26.7 x 0.4)] / [38 + (21 x 0.4)]

誠摯感謝我的朋友安迪．切科特教我何謂比熱（specific heat），並得以將上述數值修改正確。

製作傑出義式濃縮與奶類飲品的系統

為了純飲而做出一杯傑出的義式濃縮咖啡，與為做出一杯 12 盎司的傑出拿鐵所使用的義式濃縮咖啡，兩者方式不同。純飲的義式濃縮咖啡應擁有適中的沖煮強度，並且比用以混調的義式濃縮咖啡，更講求使風味完美呈現。一杯**沖煮強度過低**的義式濃縮咖啡，其**醇厚度**會不足，因為沖煮強度與醇厚度之間的相關性很高。反之，當沖煮強度過高時，就會影響品飲者感受細微風味的能力。

一杯用於做出 12 盎司拿鐵的理想義式濃縮咖啡，則需要**足夠的重量與沖煮強度**，如此才能和杯中的牛奶達到平衡。此時的義式濃縮咖啡之風味也很重要，但受重視的程度依舊不及純飲，因為拿鐵中的義式濃縮咖啡之細微風味會被牛奶遮蓋。

在權衡純飲與拿鐵飲者的需求之下，美國絕大多數的優質咖啡館選擇**以較大注粉量做出兩種通用的義式濃縮咖啡**，如此一來，就能做出相對優質的純飲義式濃縮咖啡與拿鐵。不過，這種做法既昂貴又浪費，而且還無法同時做出最好的拿鐵與純飲義式濃縮咖啡。以下將介紹兩種系統，推薦給需要為不同用途的義式濃縮咖啡進行調整的咖啡館。

1. 準備兩台獨立使用的磨豆機

想要做出兩種明顯不同的義式濃縮咖啡，方法之一就是使用兩種不同的咖啡豆與磨豆機。另外，根據不同的義式機，各位可以選擇將其中一個沖煮頭定為純飲義式濃縮咖啡專用，並將此沖煮頭調整為適當的專用溫度。

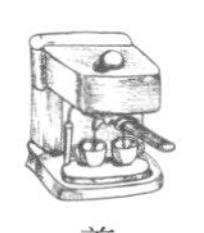

2. 準備不同尺寸的濾杯、不同的注粉量與不同的咖啡粉餅修整法

若分別以傳統義大利標準製作一杯單份 7 公克注粉量，以及一杯雙份 14 公克注粉量的義式濃縮咖啡，這兩杯咖啡會擁有大致相同的沖煮強度、風味與流速。然而，如果咖啡師採用揮指注粉法，以及單份與雙份濾杯，雙份濾杯裡的咖啡粉量將小於單份濾杯的兩倍。* 在這樣的情況下，兩者的流速（雙份濾杯會較快）、沖煮強度與風味表現就會不一樣。

另一種替代方式，是使用兩或三個不同尺寸的濾杯，各尺寸的濾杯分別搭配獨立的注粉量與修整方式。例如，我家裡僅有一台磨豆機、一個單份濾杯與一個雙份濾杯。我偏好使用**單份濾杯**製作沖煮強度適中的柔和香甜**純飲義式濃縮咖啡**；用**雙份濾杯**製作醇厚度與沖煮強度更高的**雙份短萃義式濃縮咖啡，並做成卡布奇諾**。當我對雙份濾杯使用修整工具；以磨豆機注粉槽的蓋子修整單份濾杯時，兩種濾杯都能做出重量相似的一杯 1 盎司咖啡，且流速也相近。再者，兩杯不同用途的義式濃縮咖啡也都各自具有其應有的水粉比例、風味與沖煮強度。

---

* 大約是 1.5 倍；實際比例會因為咖啡豆、注粉方式與濾杯類型而有所差異。此例所形容的前提是假設所有單份義式濃縮咖啡的重量皆一致，而雙份都是單份重量的兩倍。

我的注粉學習之路
（或「我必須跨越兩大洲才學會如何注粉」）

我第一次拜訪義大利時，已經當了八年的咖啡師，早已習慣在製作一杯1～1.5盎司的義式濃縮咖啡時，使用20公克的咖啡粉。相較於我自己做出的義式濃縮咖啡，當時我在義大利喝到的更香甜、酸度較低、液體更黃且醇厚度稍薄。等我回到了美國，我試著調整我的義式濃縮咖啡，希望效仿我在義大利喝到的風味，但始終做不出讓我滿意的味道。

幾年過後，我到了紐西蘭威靈頓（Wellington）的Mojo Coffee工作。Mojo使用混合咖啡豆製作標準義大利注粉量的義式濃縮咖啡，其中大部分為具酸度的水洗淺焙（二爆前）。我原本以為這樣的咖啡會過於清淡與過酸，但呈現在我眼前的，是一杯酸度適中且香甜迷人的咖啡。很明顯地，注粉量至少會影響圓潤柔和與香甜方面的風味表現。為了測試，我打算以注粉量過高的雙份濾杯，製作一杯雙份短萃義式濃縮咖啡（我們當時沒有三份濾杯，這是我的舊咖啡館裡最接近測試粉量的濾杯）。相較於Mojo的注粉方式與水粉比例，我的測試成果都較尖銳且香甜感較低。

當我回到美國開了第二家咖啡館之後，我重新恢復使用20公克的注粉量。我希望將我自己的義式濃縮咖啡，做成如同我在紐西蘭製作的風味，但此時出現一項難題：我無法用較小的注粉量做出令人滿意的12或16盎司拿鐵，因為義式濃縮咖啡的風味會被牛奶掩蓋。由於純飲義式濃縮咖啡的銷量幾乎不到義式濃縮混調飲品的 5%，我很難只為了做出更好喝的純飲義式濃縮咖啡，而捨棄 95% 的營收（請各位先按捺純粹主義的怒火，並繼續將本書讀到最後）。

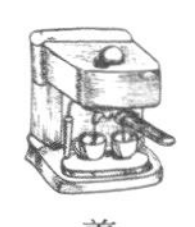

萃取義式濃縮咖啡時的壓力干預

進行一杯義式濃縮咖啡萃取的過程中，會遇到幾個**暫時降低壓力**的情形（不包含拉霸義式機）。

1. 另一個沖煮頭進行沖洗。
2. 另一個沖煮頭進行萃取。
3. 啟動鍋爐自動注水閥。
4. 另一台會降低義式機管線水壓的機器正進行注水。

這類壓力變化的因素，會提高通道效應的發生率。各位可利用以下幾個簡單的解決方案盡量避免。

1. 在所有沖煮頭都完成義式濃縮咖啡萃取後，再進行沖煮頭沖洗。
2. 若須兩個沖煮頭同時進行萃取，請事先同時為兩個沖煮頭進行沖洗，並準備好濾杯把手。*
3. 在幫浦啟動時，請取消義式機鍋爐注水閥的開啟。

---

* 忙碌的咖啡師可能會覺得要在出杯速度不至於過慢的狀態之下，同時完成第一與二項的解決方案簡直是不可能的任務。但是，所有咖啡師都應該在充分考量實際執行層面之後，盡力達成以上解決方案。

4. 如果有其他會影響義式機水壓的機器（例如水壺與洗碗機等），可利用以下幾種方式保護義式機。從水源至末端依序是水處理器、壓力儲水槽（pressure bladder tank）、調壓器與義式機。**將水處理器裝置於最靠近水源之處**，原因在於絕大多數的水處理器系統輸出壓力都是浮動的，而壓力儲水槽可以接續吸收這些浮動的壓力；儲壓器如同一顆氣球，不論水源的壓力狀態如何（在一定合理範圍內），都能穩定流出高壓狀態的水。然後，輸出的高壓水能以調壓器調整成適合義式機的理想水壓。儲壓器與調壓器兩者的費用總和大約是 200 美元。

CHAPTER

3

滲濾與萃取的科學與理論

本章的研究與撰寫，是為了讓咖啡師更能了解義式濃縮咖啡滲濾的動態過程。也許有的讀者會覺得本章讀來既迷人又豐富實用，也可能有人對此感到相當厭煩。無論如何，我相信本章絕對值得各位花點時間閱讀並理解，特別是因為其中包含了許多有助於辨識滲濾與萃取問題所需的知識。

滲濾的動態過程

義式濃縮的滲濾過程十分複雜，且尚未被全盤了解。但時至今日，已有某些描述此過程的實用模型逐漸發展成形。

為了讓這些模型更容易視覺化，大家可以透過觀察討論多數人更為熟悉的**滴濾咖啡**，以理解沖煮過程中濾杯內咖啡粉、氣體與水分的互動關係。各位可觀察手沖咖啡，或其他任何滴濾式咖啡的沖煮方式理解滲濾過程，只要器具為透明且方便觀測即可。

滲濾與萃取的動態過程：滴濾咖啡

階段一：浸潤

浸潤時，沖煮水會灑落於咖啡粉層，咖啡粉會因而濕潤，並迅速釋放二氧化碳。二氧化碳的釋放會推移水分、產生**擾動**（turbulence），阻礙咖啡粉進一步浸潤，並影響液體流穿咖啡粉層時的狀況。擾動現象出現的證據就是蓋在咖啡渣上的一層濺沫。

咖啡粉層中的沖煮水，會朝向阻力最少的路徑流動，因此自咖啡粉層向下的水流總顯得不規律。在流動過程中，沖煮水會一面被咖啡粉吸收、一面帶走咖啡粉的固體物質，導致未被吸收的液體在咖啡粉層向下流的過程中漸進地濃縮。另一方面，咖啡粉也會因吸收水分而膨脹。

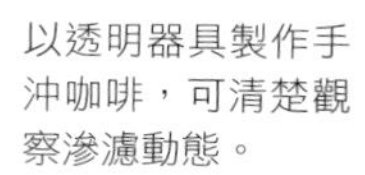
以透明器具製作手沖咖啡，可清楚觀察滲濾動態。

階段二：萃取

萃取剛開始時，從濾杯底部流出的咖啡較稠也較濃。漸漸地，流出的咖啡液體越見稀釋，這是因為咖啡粉層裡可萃取的物質已越來越少。

實際上，這兩個階段都包含了萃取的作用。在階段一，固體物質會從咖啡粉表面被沖刷下來。而階段二，固體物質則是藉由咖啡粉顆粒內部的**擴散作用**（從高濃度區域往低濃度區域的移動），被水分從咖啡粉顆粒內部帶出[8]。

擴散作用以三步驟出現：第一，咖啡粉顆粒與水接觸，使得氣體溢散出來。第二，水分進入咖啡粉顆粒的孔隙、顆粒膨脹，而顆粒中的固體物質溶解。第三，被溶解的物質先是擴散至咖啡粉顆粒的表面，接著進入其周圍的溶液中。[8]

在沖煮過程中，水分會不斷從上方頂部進入此系統，持續稀釋濾杯中擾動的液體、咖啡粉與氣體。靠近咖啡粉層上部的稀釋液體，會因為陡峭的**濃度梯度**（concentration gradient，咖啡粉內部與周圍液體之間的咖啡固體物質濃度差異），導致擴散作用迅速發生。相較於此，咖啡粉層底部的萃取則較為緩慢，因為此處的液體較濃、具有更多固體物質，降低了濃度梯度。最終造成不均勻的萃取：比起咖啡粉層的下部，上部會有更多的固體物質被帶出。*

---

* 若想讓咖啡粉層上部與下部萃取更平均，可選擇使用錐形濾杯，而非圓柱形濾杯。

滲濾與萃取的動態過程：義式濃縮咖啡

儘管我們尚未完全了解義式濃縮的滲濾過程，但目前已知它與滴濾咖啡頗為相似。兩者最大不同之處在於，義式濃縮咖啡萃取**主要是靠沖刷，擴散作用的影響程度很少或完全沒有**。

雖然目前用來描述義式濃縮咖啡滲濾過程的模型並不全面，不過依然能有效預測實際實驗成果[1,2,3,4,5]，以下內容綜合了已發表的研究文章，以及近期精品咖啡產業的相關知識。我也在第 97 頁，以連續圖示說明了義式濃縮咖啡在 25 秒的萃取時間內會發生什麼事。

階段一：浸潤

浸潤時，沖煮水會注入萃取槽的頂部空間、帶出氣體[2]，並使咖啡粉濕潤。咖啡粉吸收水分的同時，沖煮水也會從咖啡粉帶走固體物質。咖啡粉顆粒會因吸收水分而膨脹[9]，咖啡粉餅的孔隙率也因此降低[2]。

當沖煮水流穿過咖啡粉餅，會從咖啡粉侵蝕出固體物質，並搬運且將部分固體物質沉積至咖啡粉餅下部[5]。由此可知，咖啡粉餅下部的固體物質含量會在浸潤階段**增積**（increase）＊。[5,6]

＊ 我們並不清楚研究中的增積究竟有多少源於固體物質的沉積，又有多少是當過程中斷並開始測量時，被萃取液體搬運至咖啡粉餅下部。

在浸潤階段，咖啡粉餅出現**通道效應的風險特別高**。包括乾燥的咖啡粉顆粒不夠黏合、顆粒遷移與膨脹造成的咖啡粉餅分布重組，以及固體物質的高速移動，再加上某些義式機在此階段就會突然加壓，以上種種狀況都提高了通道形成的風險。

到了浸潤階段的尾聲，咖啡粉餅已產生巨大轉變：孔隙率降低、膨脹，同時吸收了來自沖煮水的熱能；咖啡粉裡的氣體逸出，而固體物質從咖啡粉餅的上部被帶至下部；沖煮水偏愛的流動路徑已然出現，通道也可能已經在此時產生。

階段二：加壓

在加壓階段，水流會因為壓力梯度，從高壓的咖啡粉餅頂部朝向低壓的濾杯出口流動。根據流體力學的**達西定律**（Darcy's law）：當施加的壓力增加，穿過咖啡粉餅的流速就會增加。然而，依照研究文獻[1]的實驗顯示，實際狀態卻有兩處似乎違反了達西定律：

1. 當壓力在萃取過程中增加時，**流速會在一開始時增加，來到頂峰後下降**，然後逐漸達到穩定的流速。
2. 經數次以不同壓力製作義式濃縮咖啡的實驗顯示，壓力越高，流速越高，**但超過一定壓力後，平均流速不會繼續增加——反而不是維持穩定，就是開始下降**。簡單來說就是，如果各位將義式機的幫浦壓力從 9 巴調升至 12 巴，你製作一杯義式濃縮咖啡的流速可能是降低的。

為何流速會在加壓過程降低？以下為幾種可能的原因。首先，某些依舊乾燥的咖啡粉顆粒會在此階段因浸潤而膨脹，使得咖啡粉餅的孔隙率降低，而水流阻力因此上升。再者，壓力的增加也會進一步壓密咖啡粉餅[13]，造成水阻增加。最後，壓力增加「容易導致顆粒移動（例如細粉遷移），進而使咖啡粉餅逐漸壓密」[2]。

階段三：萃取

研究者對於不同類型的沖煮方式中，關於**沖煮水沖刷與擴散作用影響萃取的程度**有許多分歧的想法。某位研究者分析數據後，認為萃取的主要機制為沖刷出咖啡粉顆粒表面的固體物質[27]。另一位以相同數據分析的研究者，則認為第一分鐘的萃取約有 85 ～ 90%（想必之後就會到 100%）源於顆粒內部的擴散[28]。若後者的想法正確，正意味著擴散作用在義式濃縮咖啡的萃取扮演重要角色。

然而，根據大型圓筒滲濾咖啡（percolator column）的研究，擴散作用是一直到咖啡顆粒滿足以下狀態後才出現的：

1. 「結合水（bound water）已飽和」。此指咖啡粉顆粒可固定其乾重約 15% 的結合水[16]。
2. 可自由流動的萃取液體已飽和[7]。
3. 氣體完全逸散[7]。

從以上三種「擴散作用出現的條件」來看，一般的義式濃縮咖啡萃取時間可能都**太過短暫**。由此看來，義式濃縮咖啡萃取很可能**完全是由咖啡粉顆粒表面的沖刷，以及油脂的乳化（emulsification）而來**＊[9]；就算擴散作用真的有產生任何影響，其扮演的角色都相當小。

咖啡液體流出狀態

一杯製作良好的義式濃縮咖啡，最初的萃取液體應該會呈現**濃稠且色深**＊＊。流出的萃取液體將逐漸稀釋且顏色轉淡，最終變為黃色。在萃取液體呈黃色或「金黃色」時截斷水流，能減少沖煮強度的稀釋狀態，但不會如一般認知那樣減少整體風味表現，因為**在最終萃取階段的液體中，風味物質的濃度已經很低**。

在浸潤與萃取初期，上部咖啡粉餅的固體物質會被迅速帶出[5]。這是因為高溫、在浸潤階段顆粒遷移相對容易，以及濃度梯度較陡峭等影響所致。咖啡粉餅下部的固體物質會在浸潤階段增加，接著在萃取初期轉趨穩定，此時咖啡粉餅下部會流失一些容易溶解的小型固體物質，同時增加一些沉積的細粉。整體而言，一杯義式濃縮咖啡中，會由上部咖啡粉餅提供較多比例的固體物質[5,6]。

＊ 油脂的乳化似乎係由義式濃縮咖啡沖煮過程的壓力形成。義式濃縮咖啡與一杯非常濃郁的咖啡，兩者的差異可謂在於「乳化與否」。

＊＊ 當萃取液體的焦糖化固體物質濃度較高，或二氧化碳濃度較低時，一般認為其顏色會較深，不過其中應該還有其他影響顏色的因素。

義式濃縮咖啡滲濾與萃取的動態過程

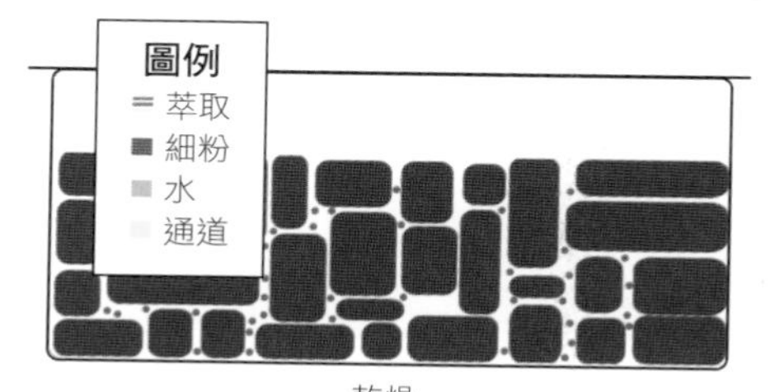

乾燥
時間＝ -10 秒

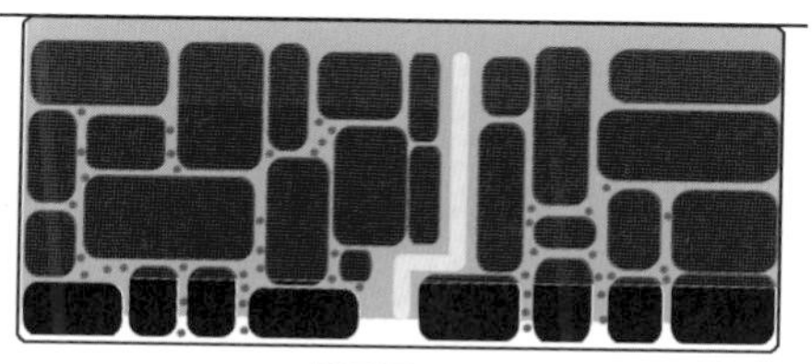

低壓預浸潤
時間＝ -1 秒

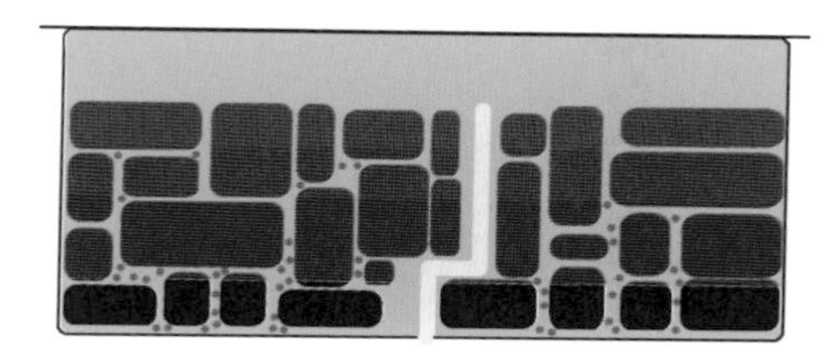

完整壓力與第一次萃取
時間＝ 0 秒

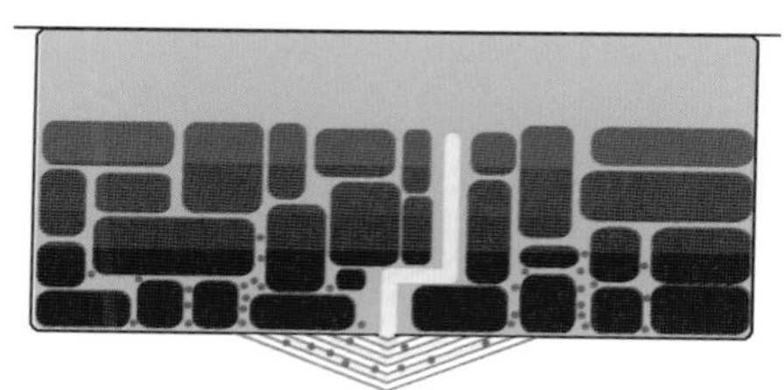

萃取初期
時間＝ 5 秒

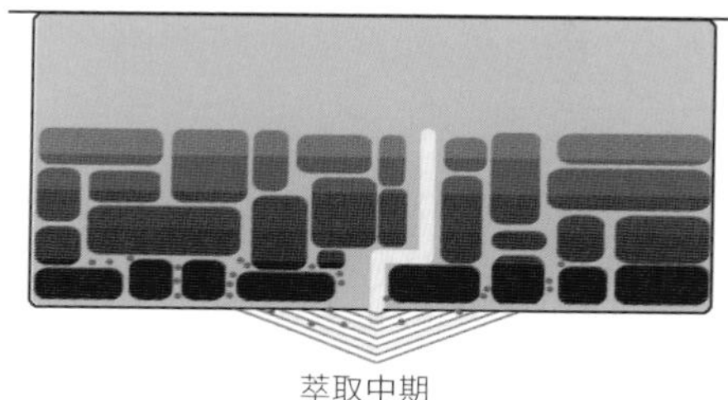

萃取中期
時間＝ 15 秒

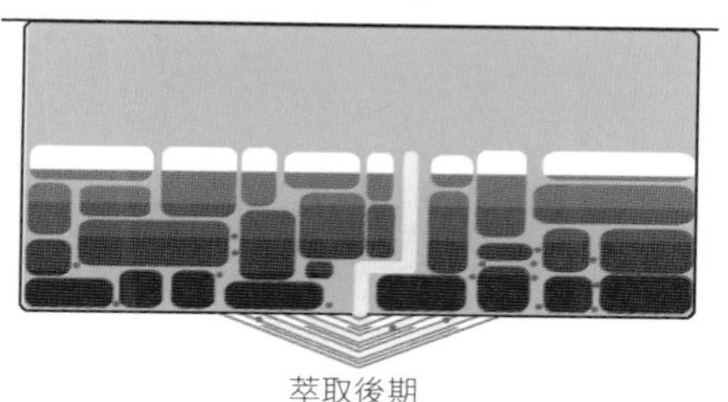

萃取後期
時間＝ 25 秒

第一張圖中的（乾燥）咖啡粉顆粒（以一個個互相堆疊的四方形表示）顏色較深，表示這些顆粒仍保有高濃度的咖啡固體物質。在後續的圖示中顆粒顏色會轉淡，表示固體物質濃度降低。

時間＝ -10 秒：幫浦啟動之前的乾燥咖啡粉。咖啡粉裝著許多固體物質，而細粉散布於整個咖啡粉餅中。
時間＝ -1 秒：咖啡粉餅的預浸潤階段進入尾聲。水分幾乎已經滲入整個咖啡粉餅，但此時萃取尚未開始。咖啡粉吸收了水，咖啡粉餅跟著膨脹起來。以米色線表示的通道在咖啡粉餅中央形成。上部咖啡粉餅的固體物質被帶出，並逐漸聚集至下部。細粉也開始向咖啡粉餅下方遷移。
時間＝ 0 秒：第一次萃取出現。第一次萃取從通道流出；細粉與固體物質在咖啡粉餅下部集中。咖啡粉餅在壓力漸增的過程中縮小。
時間＝ 5 秒：萃取初期。固體物質與細粉迅速地從咖啡粉餅被帶出。當完整的壓力進入時，咖啡粉餅受到進一步的壓縮。
時間＝ 15 秒：萃取中期。失去物質的咖啡粉餅縮小。上部咖啡粉餅可萃取的固體物質已幾乎耗盡。大量細粉與固體物質集中於咖啡粉餅底部。
時間＝ 25 秒：萃取晚期。上部咖啡粉餅已全無可萃取的固體物質。與原初的乾燥狀態相比，咖啡粉餅大約流失 20%。

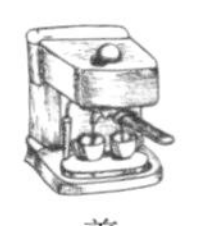

細粉的影響

細粉遷移或極細小細胞壁碎塊，相當於義式濃縮咖啡滲濾過程中的「X 因素」。雖然我對任何細粉遷移的直接測量不甚了解，但已有許多公開發表的研究文章提供了間接證據[1,6,7,9]；也有一些根基於細粉遷移與咖啡粉餅底部緊密層的假設所做出的數學預測模型可供參考*[1,4,5]。

明顯的緊密層形成後，甚至能對滲濾過程造成干擾，例如阻塞濾杯底部孔洞。緊密層會造成下列幾項損害義式濃縮咖啡品質的問題：

1. **無預期的流速降低**。任何咖啡師只要曾經歷過流速在萃取過程中減緩，都很有可能是見證了此現象：因緊密層堆疊造成**水阻上升**。
2. **萃取不均與通道效應**。
3. 當過多的細粉沉積時，並不會讓義式濃縮咖啡擁有更多固體物質（可溶與不可溶），反而會**降低醇厚度**。

---

* 某些用於模擬義式濃縮咖啡滲濾的數學模型能加入無數變因，並透過實際實驗驗證這些模型的預測數值。例如預浸潤時咖啡粉餅的濕潤比例、萃取後咖啡粉餅各層留下的固體物質量，以及滲濾流速等。

細粉對義式濃縮咖啡品質的影響

除了形成緊密層之外，細粉對於義式濃縮咖啡還有其他正面（醇厚度）與負面（苦味）的影響。為了更加了解細粉，在進行注粉之前，我會以 90 微米的濾篩先濾除大量細粉＊。除去大部分細粉之後再滲濾，最迅速出現的差異就是**流速變快**，這足以說明細粉能形成水阻。為了重新平衡流速，我將研磨刻度調細，並以經過濾篩的咖啡粉做了幾杯。與相同咖啡豆的「正常」義式濃縮咖啡比較，濾去細粉的咖啡絕大多數都呈現**醇厚度與苦味較低**的結果。

由於細粉會為義式濃縮咖啡帶來正面與負面的影響，因此，最佳的義式濃縮咖啡應該要找到**特定注粉量的細粉比例**，並同時減少這些細粉形成緊密層。細粉的產出與遷移並沒有實際的測量方式，話雖如此，以下仍提供各位幾個減少細粉產生與細粉遷移的方法。

● 若要減少細粉產生，你可以：

在咖啡豆的研磨過程中，細粉的產生無可避免，這是因為咖啡熟豆具備脆性。在一定的研磨刻度之下，以下為四種減少細粉量的方式，包括：使用**較鋒利的磨盤** [11]、使用**烘焙程度較淺**的咖啡豆 [7]、使用較**緩慢的研磨速度** [7]，或是使用**含水量較高**的咖啡豆 [7]。

＊當時我並未測量濾去了多少比例的細粉；我只是單純地搖晃了濾篩大約 1 分鐘後，就沒有更多細粉落下了。

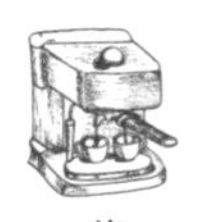

● **若要減少細粉遷移，你可以：**

咖啡師可利用兩種間接方式監測細粉遷移：觀察萃取液體從無底濾杯流出時，**流動一致性與顏色變化**；敲出咖啡粉餅渣後，檢查一下**濾網孔洞**（濾杯底部不同部位的顏色不應相差太多；濾杯孔洞須乾淨）。咖啡師可依據這些觀察，評估細粉遷移狀態是否過度。

減少細粉遷移最有效的方式，就是**採用低壓預浸潤**；使用**較細的研磨刻度**亦能減少細粉遷移。較細的研磨刻度可減少咖啡粉顆粒之間的空隙，以及讓咖啡粉餅更緊密，進而達到縮小遷移路徑[7]。當然，光是將研磨刻度調細，會使得流速降低，此時若能搭配**較少的注粉量或較寬的濾杯**，就可平衡流速。

義式濃縮咖啡的水粉比例*與標準

什麼是短萃、正常與長萃義式濃縮咖啡？

儘管在義大利有貌似「義式濃縮咖啡的標準」存在，但世界各地的注粉量與一杯的容量都有各式各樣的變化。因此，短萃、正常與長萃（lungo）義式濃縮咖啡在不同咖啡師心中，也代表著不同的東西。

---

* 傳統上，水粉比例大多用在滴濾咖啡的沖煮；代表沖煮一杯咖啡所使用的乾燥咖啡粉與沖煮水之間的比例。在義式濃縮咖啡製作中，我們很難測量使用了多少水量，因為大量且比例多變的沖煮水會被咖啡粉吸收。因此為求實用，義式濃縮咖啡的水粉比例（雖然用詞有點不當），指的是乾燥咖啡粉重量與最後咖啡液體重量的比例。

一間咖啡館的「正常」義式濃縮咖啡代表的是標準容量，「短萃」以相同注粉量與較少水量製作；「長萃」則是相同注粉量但水量較多。因此，這三個名詞也大致代表了不同的水粉比例。

傳統做法上，咖啡師會以**體積**計算一杯咖啡量，例如 1 盎司或 30 毫升就是義大利標準的義式濃縮咖啡正常容量。但情形其實有些複雜，因為不同杯的**克立瑪體積變化範圍非常大**，而在克立瑪下方的咖啡液體積也會有些差異。任何看過幾杯義式濃縮咖啡靜置數分鐘的咖啡師，都不難見證到，當克立瑪消退之後，剩下的液體容量是多麼地不同。而使用新鮮咖啡豆、咖啡豆現磨即用、咖啡豆混合羅布斯塔品種（Robusta）、使用無底濾杯等原因，都會讓克立瑪的體積增加。

義式濃縮咖啡的水粉比例與一杯咖啡的「大小」之間的恰當比較方式，便是量測咖啡粉的注粉與一杯咖啡的實際重量。在咖啡館中，測量一杯咖啡的確切重量其實難以實踐；我並非要求咖啡師應該測量所有咖啡成品的重量，但我認為**應該定時測量其重量**，以改善每一杯的穩定性。測量一杯咖啡的重量，也能讓咖啡師在討論注粉量、咖啡量與水粉比例時，變得更有效率。

「義式濃縮咖啡的水粉比例，奠基於一杯咖啡的重量而非體積」之概念，由我的朋友安迪．切科特所獨創，他是一位來自美國紐約羅徹斯特（Rochester）的傑出業餘咖啡科學家。我在第 102 頁的圖表中，列出了安迪所定義的「義式濃縮咖啡水粉比例標準」。

義式濃縮咖啡的水粉比例		咖啡粉乾重（公克）			一杯咖啡的重量（公克）			水粉比例（乾燥咖啡粉／液體）			含克立瑪的全體積（盎司）	
		低	中	高	小	中	大	低	高	**一般**	低*	高**
短萃	單份	6	**7**	8	4	**7**	13				0.3	0.6
	雙份	12	16	18	9	**16**	30	60%	140%	**100%**	0.7	1.3
	三份	19	**21**	23	14	**21**	38				0.9	1.7
正常	單份	6	**7**	8	10	**14**	20				0.6	1.1
	雙份	12	16	18	20	**32**	45	40%	60%	**50%**	1.3	2.6
	三份	19	**21**	24	32	**42**	60				1.9	3.4
長萃	單份	6	**7**	8	15	**21**	30				0.8	1.5
	雙份	12	16	18	30	**48**	67	27%	40%	**33%**	1.9	3.3
	三份	19	**21**	24	48	**63**	89				2.5	4.4
克立瑪咖啡（超長萃）	單份	6	**7**	8	38	**50**	67				1.8	3.0
	雙份	12	16	18	75	**114**	150	12%	16%	**14%**	4.0	6.9
	三份	19	**21**	24	119	**150**	200				5.3	9.0
滴濾咖啡	美國精品咖啡協會（SCAA）標準		**55**			**1000**		5%	6%	**5.5%**		

＊老舊咖啡豆；有底濾杯；100% 阿拉比卡品種；拉霸義式機
＊＊新鮮咖啡豆；無底濾杯；含有羅布斯塔品種；採用壓力 9 巴的幫浦

安迪．切科特在此圖表中以義式濃縮的水粉比例，定義了短萃、正常與長萃。他的標準也反映出義大利常見的實際情形，其定義也相當簡潔有力且容易記憶。安迪將一般「短萃」定義為咖啡液體重量等於咖啡粉乾重；一般「正常」的咖啡液體重量則是咖啡粉乾重的兩倍；至於一般「長萃」的液體重量是咖啡粉乾重的三倍。所謂克立瑪咖啡指的是水流時間拉得更長的「超長萃」義式濃縮咖啡。

安迪的概念與本頁圖表的原始出處請見：https://reurl.cc/3jME5L。

有趣的是，相較於以目測停止咖啡萃取時間，利用義式機**流量控管程式功能**的咖啡師，能做出水粉比例遠遠更為穩定的義式濃縮咖啡。以此功能製作出的義式濃縮咖啡，還能依照克立瑪量調整所需的容量，且在實踐方面也能做出**重量更一致**的成品。

那麼，咖啡師該如何實際運用一杯咖啡的重量與義式濃縮咖啡的水粉比例？首先，咖啡師應該**每天測量數杯咖啡的重量**，以維持產品穩定性。再者，談及萃取，烘豆師與經驗豐富的咖啡師會一併提到咖啡液體重量等資訊，如同討論注粉量與水溫。第三，咖啡師應試著運用義式機上的流量控管程式做實驗，同時謹慎監視流速與通道效應。

測量萃取

2008 年，文森・費德萊（Vince Fedele）開發出一台可測量沖煮強度的**咖啡濃度計**（coffee refractometer，有標準型與實驗型，見第 104 頁）。一旦得知咖啡的沖煮強度，再加上咖啡粉重量與咖啡液體重量，咖啡師就能計算出萃取率。這樣的資訊相當實用，因為萃取率與咖啡風味呈現有十分緊密的關係。

咖啡濃度計讓咖啡師獲取可證實的客觀萃取率，據此調整「輸入」咖啡中的沖煮參數。例如，假設一位咖啡師偏好做出一杯強度為**總溶解固體**（total dissolved solids, TDS）12%；萃取率達 19% 的義式濃縮咖啡，他就能以咖啡濃度計測得（見第 105 頁圖表）。此外，咖啡師在面對新的情形時，例如入手一台新義式機、更換新磨盤，或嘗試新的咖

啡豆混調配方，也可以利用咖啡濃度計快速掌握出現哪些變化，並做出一杯擁有理想參數與風味的義式濃縮咖啡。

若是少了咖啡濃度計，咖啡師只能透過花費更多時間與咖啡的方式**不斷試誤**，才可能製作出最美味的義式濃縮咖啡。此外，咖啡濃度計也可幫助咖啡師：

- 試著讓沖煮強度與萃取程度更趨穩定。
- 判斷新的磨盤是否已經度過磨合期。
- 妥善評估各式沖煮參數可能帶來的影響。
- 更快速地熟悉一批新的咖啡豆或新購入的設備。

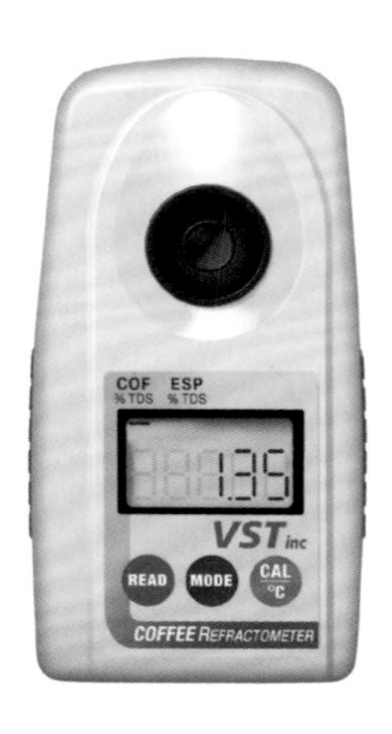

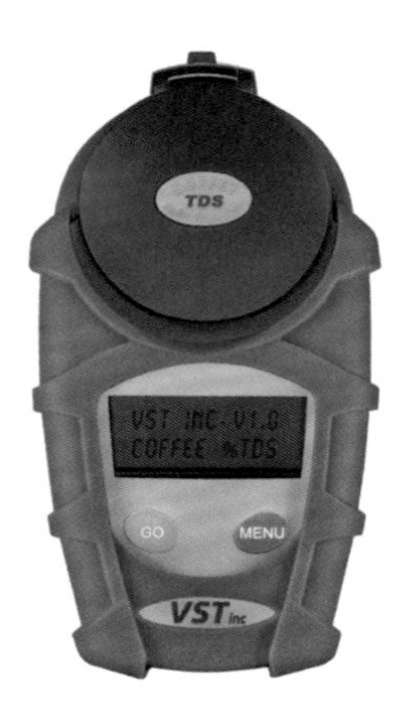

咖啡濃度計：標準型與實驗室型

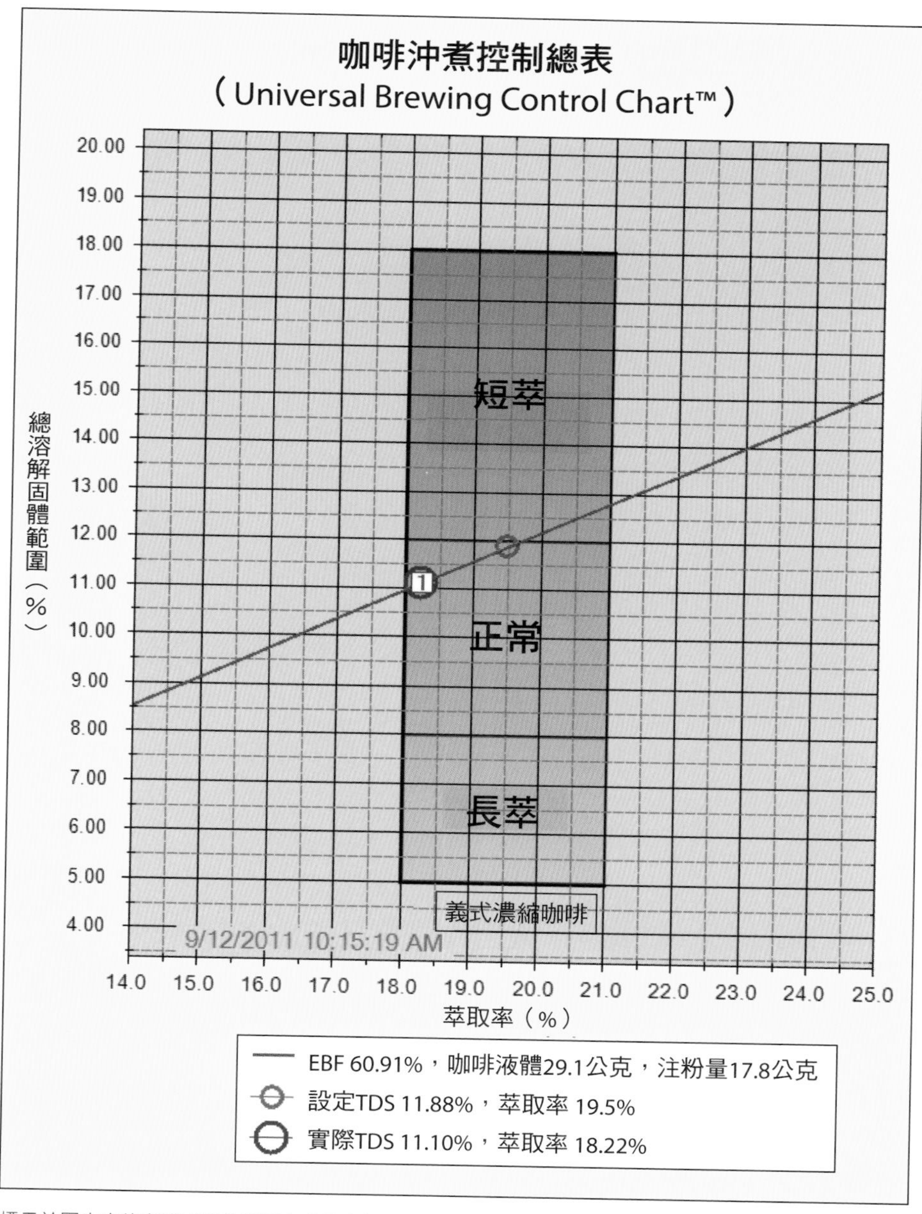

標示於圖表中的咖啡（藍色圈圈）萃取率較低，沖煮強度也低於理想設定。因此，咖啡師應該調細研磨刻度，然後再製作一杯。如果水粉比例不變，將研磨刻度調細可同時增加萃取率與沖煮強度。

CHAPTER

4

蒸奶與拉花

在絕大多數的義式濃縮咖啡飲品中，牛奶都是占據體積最大比例的主要物質。因此，牛奶的準備絕對值得我們付出同等關注。

就和選擇烘豆師一樣，咖啡師（或咖啡玩家）在選擇牛奶供應商時，也必須以品質與盲飲測試結果為依據。牛奶品飲的項目應包括「冰牛奶」與「帶有奶泡」，以及「已添加或未添加義式濃縮咖啡」等。

對於開門做生意的咖啡師而言，無論選擇哪一家牛奶供應商，都應該注意一年中牛奶的品質如何受到天氣與乳牛的飲食，而造成波動影響。過去有好幾年，我會在一年當中**依照季節更換牛奶供應商**，因為某些廠商的冬季牛奶較好；某些則是夏季牛奶更美味。

大有學問的蒸奶

蒸奶的目標

以下是任何一位咖啡師，在蒸奶（milk streaming）時應該依循的基本目標：

- 酌量使用，僅倒出眼前準備製作的飲品所需要的牛奶量。

- 將空氣打入牛奶時，創造出緊密的**微小氣泡**（micro-bubble）；表面油滑光亮，且不會出現肉眼可見的氣泡（visible-bubble）。
- 將牛奶加熱至**攝氏 66 ～ 71 度**，並以此為最終溫度。
- 事先準備妥當，盡量讓蒸奶與義式濃縮咖啡的萃取同時完成。
- 在牛奶與奶泡分離之前，盡速端至客人面前。

避免牛奶與奶泡分離

牛奶與奶泡尚未分離的卡布奇諾或拿鐵相當美味。我甚至認為，將一杯加了牛奶的咖啡飲品無端靜置，直到牛奶與奶泡分離前都未能好好品嘗，這樣的罪孽等同於將一杯純飲義式濃縮咖啡放到老。

靜置兩分鐘後的拿鐵。牛奶與奶泡已完全分離。

卡布奇諾與拿鐵的狀態都不算穩定，其**品質會隨著時間減損**。由於我們無法預期客人會不會在飲品端上桌後立即飲用，因此，咖啡師必須設法**讓飲品以最佳的理想狀態出場**。

以加了牛奶的咖啡飲品而言，留意以下三個重要原則，能讓你的成品擁有絕佳的綿密柔滑口感與經久不衰的質地。

1. **蒸奶完成後的氣泡必須細緻且微小**。灌注蒸汽的牛奶一定要擁有緊密又微小的氣泡。若氣泡肉眼可見、過熱與過度拉漲牛奶，都可能損害飲品口感與質地。
2. **注奶的速度必須穩定適中**。以適當的流速與技巧（或純熟地使用「湯匙法」，見第 123 頁）將蒸奶倒入杯中，可有效幫助延緩分離現象。
3. **出杯上桌要即時**。製作完成須盡速端至客人面前，避免因靜置過久而導致牛奶與奶泡分離。

如何蒸奶？

準備容量適中的**奶鋼**（pitcher），尺寸必須能裝進製作飲品**所需的最小牛奶量**。大約是在灌注蒸氣之前，讓牛奶約占奶鋼的三分之一～二分之一量。接著開始下列步驟：

1. 讓蒸汽管朝一塊濕潤的抹布或滴水槽噴氣，藉此將冷凝於蒸汽管中的水滴噴出。

2. 將蒸汽管頂端置於牛奶液面下方一點點，位置靠近**奶鋼中心**。蒸汽管要與液面呈 10 ～ 30 度夾角。
3. 將蒸汽管開啟至完整壓力或接近完整壓力，壓力大小取決於奶鋼中的牛奶量。例如製作瑪琪朵（macchiato）時所需蒸奶量較少，採用的壓力也應較小。
4. 開始拉漲牛奶階段（或稱牛奶發泡階段），直到溫度達到攝氏 38 度。一旦牛奶溫度超過**攝氏 38 度**，將較難發出優質奶泡。
5. 拉漲牛奶時，請保持蒸汽管頂端持續置於牛奶液面下方一點點，謹慎地將空氣注入牛奶，同時避免任何肉眼可見的氣泡出現。注入空氣時，應該會聽到奶鋼中傳來**穩定且細微的吸氣聲**。

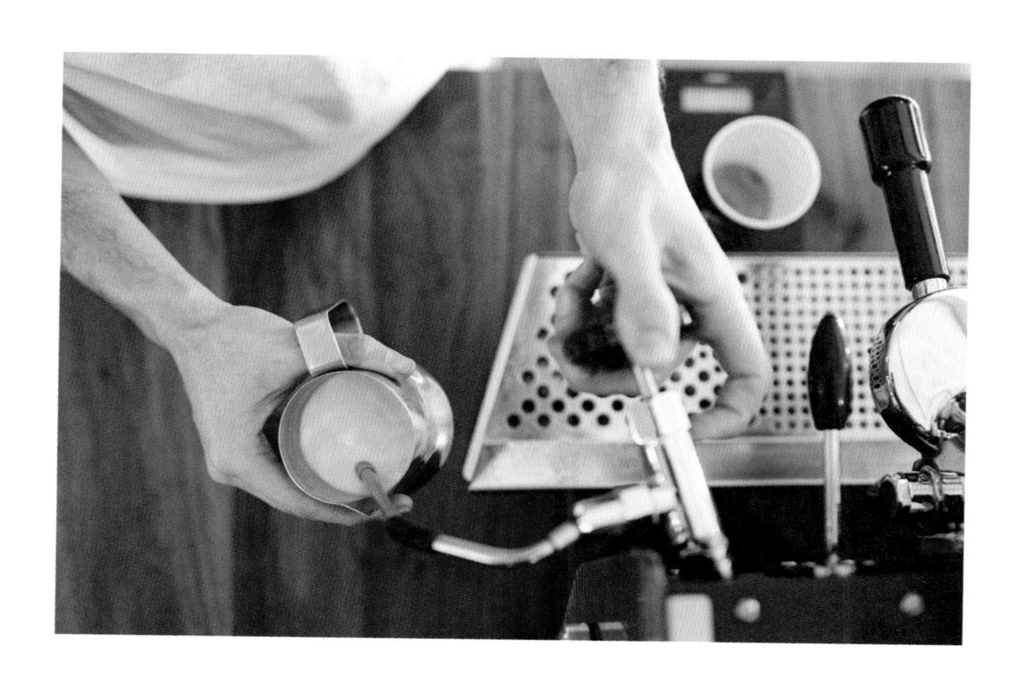

6. 當理想的拉漲牛奶階段完成後，將奶鋼往上移，使蒸汽管潛入牛奶深處，放在**能讓牛奶持續滾動**的位置，直到接近理想溫度。
7. 關掉蒸汽管，將奶鋼移出。用打濕的抹布擦拭蒸汽管，並小心地朝著抹布噴氣，以排出管中殘餘的牛奶與水滴。

> 請注意：某些蒸汽管的頂端設計，或是當鍋爐壓力很高時，在牛奶表面注入空氣的過程會很快地出現發泡過度現象。此時，咖啡師應該將蒸汽管深入牛奶中，僅使用部分壓力進行蒸奶，或降低調壓器的設定。

若鍋爐壓力較高，可直接將蒸氣管深入奶鋼，僅以部分壓力進行蒸奶。

不同飲品的牛奶質地

這部分我想直接以特定飲品的製作方式與配方討論。以下所有飲品都是經典義大利風格，以 6 ～ 8 盎司的寬口陶杯裝盛；基底則是 1 ～ 1.5 盎司的義式濃縮咖啡。

- **卡布奇諾**：以許多奶泡製成。如果從飲品完全分離出奶泡，然後以湯匙背面推回去，奶泡量應該會落在大約 1.3 公分（這僅是大致約估，會因杯口直徑而有所不同）。
- **拿鐵**：以適量奶泡製成。分離出的奶泡厚度大約 0.6 公分。
- **小白咖啡**（flat white，又譯馥芮白）：以最少量的奶泡製成。咖啡頂部應僅浮有一層薄薄的奶泡。

卡布奇諾的奶泡應該深厚且呈現絲絨感。當奶泡被推到杯側時，不應出現未被打入空氣的分層牛奶。

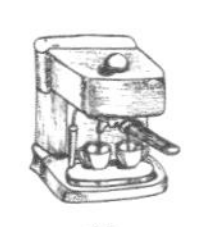

修整牛奶

沒有哪位咖啡師能夠每次出手，都做出完美的奶泡。如果蒸奶時注入牛奶的**空氣不足**，除了重新來過之外別無他法。不過，如果注入牛奶的**空氣過多**，可透過一些方法修整出理想質地。

若想確認牛奶注入空氣的程度是否適當，可將完成蒸奶的鋼杯放在檯面上，然後開始**旋轉**（spinning）：以固定方向（順時針或逆時針）將鋼杯畫小圓旋轉，並在可控範圍內，將轉速加快到「將牛奶甩在壺壁上，但不至形成泡泡」的程度；牛奶旋轉的狀態**越是「黏稠」，便代表注入咖啡的空氣越多**。

一旦確定注氣過多，就必須修整牛奶。請用**大湯匙**抹去部分表面的奶泡。以湯匙凹面刮除奶泡時，要讓一部分的湯匙凹面露出，避免刮到深處的牛奶。奶泡表面應盡可能地均勻修整。修整完成之後，請再次旋轉牛奶以評估質地。若有需要，可重複進行修整與旋轉，直到牛奶的質地達到理想狀態。整個修整流程應該要**在數秒鐘之內完成**。

旋轉牛奶也有**減緩牛奶與奶泡分離**的效果。有效的旋轉速度必須夠快，既能維持牛奶表面光滑，但又不會快到出現新的氣泡或濺出牛奶。

義式濃縮咖啡萃取液與蒸奶的融合

蒸奶與義式濃縮咖啡必須相互協調，因此蒸奶應該要**在義式濃縮咖啡完整萃取前的數秒內（或是同步）完成**。當萃取完成時，義式濃縮咖啡便已準備好與蒸奶結合，但蒸汽管關閉後，大約還需要**再等 5 秒鐘讓蒸奶穩定**。任何必要的修整都應該等蒸奶靜置穩定之後再進行。

如果牛奶已完成修整，但義式濃縮咖啡尚未萃取完成，就得設法旋轉牛奶以減緩分離情形出現。不過，大家也別太過依賴旋轉；這招也許救得了牛奶與奶泡分離，但質地仍會隨著時間衰變。請以**「在蒸奶完成後的 30 秒內，將蒸奶倒入義式濃縮咖啡中」**為原則。

倒入蒸奶的兩種方法

以下說明兩種倒入蒸奶的方法：**直接注入法**與**湯匙法**。兩種方法各有優缺點，也都屬於咖啡師必備的技巧之一。

1. 直接注入法

直接注入法可謂現今的主要系統。此方法就是單純以奶鋼的壺嘴，將質地豐盈的蒸奶注入義式濃縮咖啡中。操作時必須以「可控」速度倒入牛奶：**緩慢無損上方的克立瑪，同時又得快到避免壺內的牛奶分離**。大家經常在咖啡館內看到咖啡師使用帶有壺嘴的奶鋼，這會更方便控制牛奶的流向，且更容易做出拿鐵拉花（見第 116 ～ 121 頁步驟圖）。

以直接注入法製作拿鐵拉花（1/6）

步驟1：首先，將牛奶直接注入克立瑪的中央位置。保持一定且可控的速度，避免奶鋼內的牛奶與奶泡分離，並維持克立瑪的完整。

以直接注入法製作拿鐵拉花（2/6）

步驟2：注入牛奶的整段過程中，都要維持穩定且適中的流速。祕訣在於當奶鋼內牛奶量漸漸變少的同時，加快奶鋼傾斜的速度。

以直接注入法製作拿鐵拉花（3/6）

步驟3：當杯中開始出現「白色雲朵」時，前後晃動奶鋼。

以直接注入法製作拿鐵拉花（4/6）

步驟4：持續搖晃奶鋼，拉出「之字形」的鋸齒圖案。此時，必須設法按捺住將奶鋼往上提、離開飲品表面的衝動（因為好像快倒滿了）。此外，雖然聽起來有些違反直覺，但請盡量將奶鋼放低，同時穩定地加快傾斜奶鋼的速度，以維持牛奶注入流速一致。

以直接注入法製作拿鐵拉花（5/6）

步驟5：一面畫著之字形，一面漸漸將奶鋼向後退。當壺靠近杯緣，請稍稍把奶鋼提起數公分，緩緩向前移，以牛奶細流劃過之字形中心。

以直接注入法製作拿鐵拉花（6/6）

步驟6：拿鐵拉花完成！

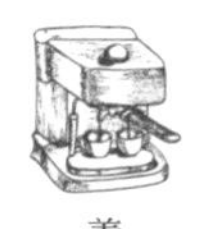

製作拿鐵拉花的訣竅

想做出漂亮的拿鐵拉花，就必須先有一杯**新鮮現做且浮有一定克立瑪量**的義式濃縮咖啡，當然，質地良好的蒸奶也不可少：牛奶應呈現柔滑光亮的質地，而且看不到氣泡。

剛入門的新手，最常犯的錯誤就是**注入牛奶的速度過慢**，以及忍不住把奶鋼往上提，使其**與飲品距離過遠**。倒入牛奶的速度過慢時，會使得壺中的牛奶與奶泡分離，進而讓空氣含量較少的牛奶進入義式濃縮咖啡，而把包著較多空氣的牛奶留在壺中。在這樣的情況下，不僅會使拉花難以完成，更會做出一杯**注氣不足**的飲品。且一旦將奶鋼遠離飲品表面，牛奶就會一下子**潛入克立瑪下方**，而不是被「放在」克立瑪上並形成圖形。

注入牛奶時若將奶鋼往上提、離開飲品表面，會使得牛奶無法被輕輕「放在」克立瑪上，且會因重力而**加速**。注入牛奶時拉高奶鋼，就像是從高高的跳水臺一躍潛入深水：跳水選手能直接切穿水面，幾乎不帶任何漣漪地潛入深水。同樣的道理，奶鋼中的牛奶也會直接潛入杯底，難以擾動克立瑪。反之，注入牛奶時如果將壺嘴非常靠近飲品表面，就像是站在泳池邊準備跳入水中競速的選手：選手拂掠過水面而進入水中的模樣，就如同牛奶滑過飲品表面並創造美麗的痕跡。

2. 湯匙法

湯匙法在紐西蘭十分常見，但我還沒有在其他地方見過有人實際使用。湯匙法的優點包括**延緩杯中飲品奶泡分離**，同時能在注入牛奶時掌控其質地。湯匙法的缺點則是製作時間比直接注入法更長、必須同時使用雙手，以及掌握此技術較為困難。

使用湯匙法的奶鋼最好選用**鐘形壺**（round bell pitcher），或是VEV VIGANO品牌等**邊緣為斜面的奶鋼**。寬口的鐘形壺能在注入牛奶時，提供更好的視野以觀察牛奶質地，湯匙也更容易伸進壺中。

使用湯匙法時，必須先進行蒸奶，如有需要可稍加修整。接著將湯匙當作一扇「大門」，在注入牛奶的同時，以湯匙控制流速與質地。雖然所有飲品的湯匙法細節都不盡相同，但大致基礎一致。

湯匙法的操作步驟如下：

1. 最初注入牛奶時，請以湯匙擋著壺內所有液體，僅**將密度最高、奶泡含量最少**的牛奶倒入杯中。有些咖啡師會在注入牛奶前，先用湯匙把奶泡最緻密的牛奶往壺內推幾次（即遠離壺口）。
2. 以適當的流速將牛奶注入義式濃縮咖啡的中心，並維持這種**不會破壞克立瑪**的速度。
3. 一邊注入牛奶，一邊緩慢地提起湯匙，讓奶泡較多的牛奶得以進入杯中。
4. 完成的飲品表面應柔滑光亮。此時即可添加拉花圖樣。

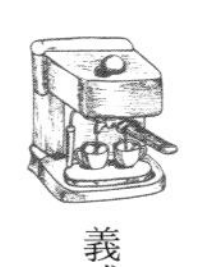

使用鐘形壺蒸奶、修整與注入牛奶時，不僅動作看起來不同，實際操作時的感覺也很不一樣。因此即使是經驗豐富的咖啡師也必須耐心練習，方能適應及掌握鐘形壺與湯匙法。

湯匙法的變化版

● 卡布奇諾

首先做出一壺**充滿空氣且稠密的蒸奶**。此時的牛奶在旋轉時，會**感覺像是「黏在」奶鋼內壁**。接著，請以湯匙阻擋表面較輕的奶泡，藉此將奶泡含量最少而密度最高的牛奶注入義式濃縮咖啡中。

當杯中液體容量達大約三分之一時，慢慢提起湯匙，讓含有較多奶泡的牛奶注入。當容量達大約三分之二時，湯匙應該已被提高到完全不會碰到牛奶。最後，再將湯匙伸進壺中，將空氣含量最多的表面奶泡推送至飲品上。此時，飲品杯緣應是一圈深色的義式濃縮咖啡，圍著中心一頂色澤柔滑光亮的「白色王冠」（見第 126 ～ 129 頁步驟圖）。

● 拿鐵

首先做出一壺**空氣含量適中的蒸奶**。這樣的蒸奶明顯比原本冰涼時更加稠密，但稠密程度應該是旋轉時幾乎感覺不到阻力（也就是**旋轉時不會「黏在」壺壁**）。接著，請以湯匙擋住表面較輕的奶泡，然後注入密度最高、奶泡含量最少的牛奶。緩緩地提起湯匙，讓空氣含量較多的牛奶注入飲品，同時將奶鋼拉高數公分。最後，放低奶鋼、倒入剩餘

的牛奶。此時可將湯匙從奶鋼中取出，或僅微微擋住最表層的牛奶。

若能充分練習，要為拿鐵飲品製作出拉花不會太過困難。

● 小白咖啡

首先做出一壺**空氣含量最低的蒸奶**。蒸奶的稠密程度僅稍微高於原本狀態即可。以穩定流速將牛奶倒入飲品中心，並以湯匙擋住所有的奶泡，同時小心別破壞克立瑪。最後，提起湯匙，讓非常薄的一層奶泡倒入飲品表面。

傳統上，小白咖啡的表面色深，中心會有一個白色小圓點，不過也有些咖啡師收尾會做一些拉花圖樣。

以湯匙法製作卡布奇諾（1/4）

步驟1：取一支大湯匙，僅讓奶泡含量最少的少量牛奶流入杯中。以適中的流速傾倒，謹慎維持克立瑪的完整。

以湯匙法製作卡布奇諾（2/4）

步驟2：當杯中飲品量已達三分之一～二分之一時，緩緩提起湯匙，注入含有較多奶泡的牛奶。

以湯匙法製作卡布奇諾（3/4）

步驟3：當杯中飲品接近全滿時，以湯匙將壺中奶泡含量最高的牛奶推送至飲品表面。

以湯匙法製作卡布奇諾（4/4）

步驟4：收尾時可讓一道牛奶的細流滑過中心線，藉此畫出心形。大家也可以穩穩地拿著奶鋼，畫出一顆以克立瑪做為深色外框的白色王冠。

紐西蘭咖啡師的拿鐵祕訣：先攪拌

數年前，我走進一間位於紐西蘭威靈頓的咖啡館，然後點了一杯小杯拿鐵。我的第一口啜飲感受到風味細微，而且比我曾經喝過的任何拿鐵都更加柔潤，一路喝到最後一口都幾乎風味依舊。

拿鐵通常會以強烈又稍微尖銳開頭，因為表面漂浮著大量的克立瑪，收尾則是充滿牛奶感且強度微弱。我想知道這杯小杯拿鐵裝著什麼神奇的東西，於是立刻再點一杯。這次，我仔細觀察咖啡師戴夫（Dave）的製作過程。首先，他將一杯義式濃縮拿鐵倒入杯中，然後以帶有壺嘴的奶鋼做出蒸奶，然後，他用湯匙擋住壺口，僅讓大約1盎司的薄薄牛奶注入杯中。接著，他用湯匙輕輕地攪拌混合杯中的義式濃縮咖啡與牛奶。最後，稍稍旋轉奶鋼，便直接將牛奶倒入飲品完成。拿鐵上小葉子（rosetta）形狀的拉花很美，其風味與我喝的第一杯一樣美味。

我與戴夫聊了很長一段時間，他說他總是會**先用一點點牛奶與義式濃縮咖啡攪拌**（stire），有助於讓咖啡的風味蔓延至整杯飲品。

在義式濃縮咖啡中，注入大約1盎司空氣含量最少的牛奶，接著輕輕攪拌。

湯匙法有什麼好處？

我發現使用湯匙法製作的咖啡飲品，質地能維持較長時間，且牛奶與奶泡分離得較慢。我不太確定何以如此，也許是因為最初僅有最緻密的牛奶與義式濃縮咖啡結合，後續才慢慢注入奶泡含量較多的牛奶，如此一來，奶泡便能更均勻地分布開來，飲品也更容易「抓住」奶泡。

在我的經驗中，如果**太快讓太多奶泡注入杯中，飲品反而無法充分與奶泡融合**，到頭來，奶泡真的只是被「放在」飲品表面而已，未能融入其中。各位不妨試試：一開始就將空氣含量最多的牛奶倒入杯中，再（盡量控制）漸漸讓空氣含量較少的牛奶流入。你會發現，最初倒入的高奶泡含量牛奶無法好好與義式濃縮咖啡結合，這杯飲品的口感（來自牛奶與濃縮咖啡）也永遠無法得到融合。

以湯匙法製作的咖啡飲品，牛奶與奶泡分離得較慢，質地較能維持。

以直接注入法分配牛奶，一壺完成多杯飲品

咖啡師若是取一個大型奶鋼，以直接注入法一杯接一杯完成數杯飲品，那麼，第一杯完成的飲品會擁有最多空氣含量的奶泡，接著飲品的奶泡量依序漸次減少。為避免這種不理想的狀況，咖啡師應該要練習如何**「分配牛奶」**，好讓每杯飲品都擁有理想的奶泡量。

進行牛奶分配時，咖啡師必須設法以一個大型奶鋼，做出所有飲品所需奶泡的總量。想精準預估多杯飲品需要多少分量的奶泡，同樣需要不斷練習。當各位覺得不確定時，可做出**稍微過量**的奶泡，這是因為奶泡若過多可直接修整去除。

一旦完成蒸奶，便得將原本大型奶鋼中的蒸奶倒入另一個奶鋼中，**來回反覆傾倒數次**。在蒸奶來回「交換」的過程中，奶泡量最多的牛奶會最先被倒出（意即接收蒸奶的奶鋼，會在一開始便收到奶泡量較多的牛奶），然後奶泡比例漸漸越來越少。接著持續來回交換牛奶，直到原本奶鋼裡的蒸奶達到適合製作飲品的稠密度。

以下就以「製作一杯 7 盎司卡布奇諾與一杯 7 盎司拿鐵」為例，向各位說明以直接注入法分配牛奶的實際操作（第 134 ～ 139 頁亦有實作步驟圖）。

1. 在一支 20 盎司的收口拿鐵拉花奶鋼中注入牛奶，大約裝到離壺嘴底部 1 公分。
2. 開啟磨豆機。
3. 在磨豆期間，清空且擦拭乾淨兩個濾杯把手。
4. 同時沖洗兩個沖煮頭，為其中一個濾杯把手注粉時，先將另一個把手扣回沖煮頭。
5. 將完成注粉與修整的濾杯把手扣回沖煮頭之後，開啟磨豆機。從沖煮頭卸下第二個把手，並開始注粉與修整。
6. 同時為兩個濾杯把手進行萃取。
7. 開始蒸奶，完成之後的蒸奶表面約位於壺口邊緣以下 4 公分。
8. 將大約三分之一的牛奶倒入另一個 20 盎司（或較小）的壺中。
9. 旋轉原本的奶鋼；其稠密度應等同於製作卡布奇諾的蒸奶。如果稠密度過高或過低，請先以這兩個奶鋼來回交換蒸奶，直到質地變得理想。
10. 從原本的奶鋼開始將牛奶注入杯中，並將這杯飲品做成卡布奇諾。請注意：**永遠先從奶泡含量最多的飲品開始製作**。
11. 端上製作完成的卡布奇諾。
12. 將剩下的牛奶倒入第二個奶鋼中。此時的牛奶量與稠密度都應該剛好適合用來製作拿鐵。如果奶泡量過多，請在注入杯中之前進行修整；如果奶泡量過少，請重新製作一壺蒸奶。
13. 將蒸奶注入杯中，完成拿鐵。
14. 端上製作完成的拿鐵。

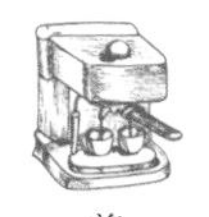

以直接注入法完成多杯飲品（1/6）

步驟 1：從較大的奶鋼中倒入三分之一的牛奶至較小的奶鋼。

以直接注入法完成多杯飲品（2/6）

步驟2：注入牛奶前，先旋轉大奶鋼，確認蒸奶的質地。

以直接注入法完成多杯飲品（3/6）

步驟3：以直接注入法，將大奶鋼的牛奶倒入製作卡布奇諾的杯中。

以直接注入法完成多杯飲品（4/6）

步驟4：將剩下的牛奶倒入小奶鋼混合。

以直接注入法完成多杯飲品（5/6）

步驟5：旋轉小奶鋼檢視蒸奶質地，視需要進行修整。

以直接注入法完成多杯飲品（6/6）

步驟6：將牛奶倒入製作拿鐵的杯中，完成兩杯飲品。

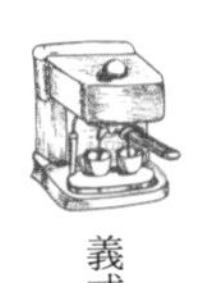

以湯匙法分配牛奶，一壺完成多杯飲品

使用湯匙法以一壺蒸奶完成多杯飲品的優點在於，可在注入牛奶的同時，達到**妥善配置奶泡量**的效果。

以下為各位介紹如何以一支奶鋼製作多杯飲品，此範例中的兩杯飲品皆為 7 盎司；起始條件為杯中已裝好萃取完畢的義式濃縮咖啡，也已經以 25 盎司的鐘形壺完成蒸奶（第 141 ～ 146 頁亦有實作步驟圖）。

1. 將湯匙當作「大門」，擋住所有奶泡的同時，將奶泡含量最少的牛奶注入準備製作卡布奇諾的杯中。接著，緩緩提起湯匙，讓奶泡含量較多的牛奶逐步流入杯中。由於要製作多杯飲品，奶鋼中裝著更多的奶泡與牛奶，湯匙阻擋奶泡的範圍會更大。
2. 端上製作完成的卡布奇諾。
3. 旋轉奶鋼以確認蒸奶質地，剩下的牛奶量與稠密度應該剛好適合製作拿鐵。如果奶泡量過多，請在注入杯中之前進行修整，或是使用湯匙法（稍做阻擋），讓適量奶泡注入拿鐵杯中。
4. 將牛奶注入準備製作拿鐵的杯中。
5. 端上製作完成的拿鐵。

還有另一種以湯匙法分配牛奶，一壺完成多杯飲品的方式。各位可先用湯匙阻擋含較多奶泡的牛奶，並在**每個杯中**都注入奶泡量最少的牛奶，使每杯飲品達到**完成量的三分之一**。接著依序製作奶泡量最多至最少的飲品。當各位必須一次製作兩杯以上的飲品時，此方法尤其實用。

以湯匙法完成多杯飲品（1/6）

步驟1：先以湯匙貼緊壺邊阻擋奶泡，將奶泡量最少的牛奶，少量注入左邊製作拿鐵的杯中。預先於拿鐵中加入牛奶，是為了防止杯中的義式濃縮咖啡進一步氧化。

以湯匙法完成多杯飲品（2/6）

步驟2：以湯匙法開始製作卡布奇諾。將奶泡含量最少的牛奶注入右邊卡布奇諾的杯中。

以湯匙法完成多杯飲品（3/6）

步驟3：緩緩提起湯匙，將奶泡含量較多的牛奶倒入杯中。

以湯匙法完成多杯飲品（4/6）

步驟4：以湯匙法製作拿鐵。步驟1注入拿鐵杯中的牛奶量若已足夠，此時不一定要使用湯匙。

以湯匙法完成多杯飲品（5/6）

步驟5：使用湯匙法稍作阻擋，讓適量奶泡注入拿鐵杯中。此時可試著做出拉花。

以湯匙法完成多杯飲品（6/6）

步驟6：拿鐵和卡布奇諾都完成了！

以一壺蒸奶完成四杯飲品

我曾見識過咖啡師用一支奶鋼做出高達**四杯飲品**；我的朋友喬．路易斯（Jon Lewis）在2006年美國咖啡師冠軍賽決賽中辦到了。透過湯匙法，可輕易地先在四杯飲品中注入一部分的牛奶，然後依序完成**奶泡量最高至最低的飲品**。

然而，如果是使用直接注入法，在製作前三杯飲品時，就必須先行分配牛奶，將蒸奶在兩個奶鋼之間來回交換。如果咖啡師分配得當，在做完第三杯飲品時，奶鋼中剩下的牛奶量與稠密度應該剛好足夠完成第四杯飲品。

CHAPTER

5

最有效率的吧檯系統

有效增進效率的工具

在繁忙的咖啡館中，勢必存在一套遠比「一次專心製作一杯飲品」還要來得有效率的吧檯系統。身為咖啡師相當重要的一點，就是鍛鍊出一身本領，得以在不犧牲咖啡品質的前提之下，將自身效率最大化。

以自動計時器調控磨豆機

利用**自動計時器**調控磨豆機的好處多到說不完。計時器能確保穩定一致的注粉量、減少耗粉、讓咖啡師得以在磨豆機運轉期間，有時間思考自己該同時處理哪些工作。最重要的是，能讓每位咖啡師做出的每杯義式濃縮咖啡，都擁有**更好的穩定度**。

在選擇計時器方面，建議各位選擇計時刻度能**至少達到 0.1 秒鐘**；越精準越好。無論各位選擇何種計時器，請先確認計時器的電壓與電流條件適合加裝於你的磨豆機上。

使用溫度計

大部分的咖啡師都不傾向使用溫度計，但實在不應如此。多數咖啡師習慣使用**「手感溫度法」**，但每位咖啡師對於溫度的感受都不同，難以完成穩定相似的飲品；就算是同一位咖啡師，也**很難長時間維持一致的判斷**。尤其當咖啡師的手指反覆接觸炙熱的奶鋼時，對於溫度的敏銳度就會慢慢下降。

此時，最好的解決方法就是購買優質溫度計，同時做到**每週校準**，並學習恰當的使用方式。所謂恰當的使用方式，就是在蒸奶的過程中**預估溫度計數值轉變的時機**。當溫度計產生讀數時，一定會有時間差，但能被事先預估。摸透不同分量牛奶的溫度讀數時間差並不難，請掌握一個原則：**當溫度計讀數低於目標溫度某些特定數值時，即可關閉蒸氣**。例如，10 盎司的牛奶，可在溫度計讀數小於預計溫度攝氏 6 度時關閉；20 盎司的牛奶，則可在溫度計讀數小於預計溫度攝氏 3 度時關閉。

話又說回來，為何許多咖啡師都認為自己的體感比溫度計更精準？這對我而言也是個謎。任何咖啡師都不該忘記自己最重要的目標：穩定做出優質飲品，就算這意味最好的技巧必須用上某些人眼中的「拐杖」（即輔助工具）也無妨。這就像是小提琴演奏家不會只靠自己的耳朵判斷音準，他們還會借助音叉。咖啡師在蒸奶過程中，除了以觸覺與聽覺

判斷溫度外，也該加上溫度計的輔助。每間咖啡館都應該訂定**自家飲品的標準溫度**，同時訓練咖啡師利用溫度計穩定達成目標溫度。

堅決反對使用溫度計的咖啡師，則建議以溫度計檢測自己是否能在多壺蒸奶之間，皆可靠手感測量出正確溫度。並在咖啡館尖峰時刻（必須同時製作多杯飲品），測試自己手感溫度的準確性。一旦看到自己做出的飲品溫度不一時，他們也許就會開始考慮使用溫度計。

以下提供咖啡師們一個小祕訣，可減輕使用溫度計時的負擔。此技巧是我從朋友布蘭特（Brant）學來的，他是紐澤西（New Jersey）普林斯頓（Princeton）Small World Coffee 咖啡館的擁有者。首先以鉗子將奶鋼邊的一小段向壺中心彎折，然後在彎折的壺壁上打出一個足夠插入溫度計的洞。如此一來，就可以不必使用溫度計夾，同時將溫度計固定於較方便的位置。

將奶鋼邊的一小段壺壁向中心彎折，在彎折的壺壁打出一個足夠容納溫度計的洞。

在蒸奶過程使用平檯

雖然對某些咖啡師而言，使用平檯進行蒸奶近乎褻瀆，但我個人完全可以接受：前提是這位咖啡師**在拉漲牛奶階段必須手持奶鋼**，僅其餘階段使用平檯。話雖如此，其實包括拉漲階段在內，整個蒸奶過程都可以在平檯上完成，雖然這種方式較難做出完美成果。咖啡師也可能因過度依賴平檯，而增加粗心與品質不一致的機率。

某些義式機滴水盤的位置剛好可作為蒸奶平檯，其餘不具這類設計的義式機，則建議在一旁準備一個**足夠沉重，且能輕易移動**至蒸汽管下方的平檯。

蒸奶平檯應夠沉重且容易移動。此外，蒸奶平檯必須夠高，當蒸汽管完全垂直時，蒸汽管的頂端應該剛好距離奶鋼底部約 1.3 公分。

最佳工作流程

客流量大的忙碌咖啡館，相當需要一套高效率的吧檯系統，目的是**同時間製作多杯飲品**。這類系統應該訂定明確架構，同時保有讓多位（或少數幾位）咖啡師一同工作的彈性。最重要的是，此吧檯系統的設計核心必須是「以不影響品質為前提，設法達到理想效率」。

一名咖啡師的高效工作流程

在本章前述的各項工具皆到位的情況下，咖啡師即可高效率地展開工作。以下將說明一位咖啡師，如何使用直接注入法分配牛奶，流暢地製作一杯 6 盎司卡布奇諾與兩杯 8 盎司拿鐵。

1. 按下磨豆機的計時器，為第一杯義式濃縮咖啡磨豆。
2. 將牛奶倒入 32 盎司的收口奶鋼，液面約距壺嘴下緣 1.3 公分。
3. 取下一個濾杯把手並敲擊乾淨，沖洗沖煮頭、擦乾淨濾杯之後，進行注粉。
4. 所有咖啡粉都注入濾杯之後，重設磨豆機的計時器。
5. 進行第一個濾杯的修整與填壓。
6. 裝上第一個濾杯把手，取下第二個濾杯把手，接著沖洗沖煮頭。
7. 將第二個濾杯把手敲擊乾淨，擦淨、注粉、修整與填壓。
8. 裝上第二個濾杯把手，取一個拿鐵杯與一個卡布奇諾杯，放在濾杯把手下方。

9. 同時啟動兩杯義式濃縮咖啡的萃取。
10. 沖洗蒸汽管，並開始進行蒸奶。
11. 當拉漲牛奶的階段結束之後，把奶鋼置於平檯。
12. 重設磨豆機的計時器。
13. 取下第三個濾杯把手，敲擊乾淨，並擦淨。
14. 為第三個濾杯把手進行注粉、修整與填壓。
15. 當前兩杯完成萃取之後，便停止水流，沖洗第三個沖煮頭。
16. 裝上第三個濾杯把手，將另一個拿鐵杯放在底下，開始萃取。
17. 將前兩杯飲品置於檯面。
18. 在牛奶到達理想溫度時，關閉蒸汽管。擦淨並沖洗蒸汽管。

19. 將壺中約三分之一～二分之一的牛奶倒入另一個 20 盎司的奶鋼中，以兩個奶鋼來回反覆「交換」牛奶，直到第二個壺中的牛奶到達製作卡布奇諾的稠密程度。
20. 將牛奶注入卡布奇諾杯中，盡速端至客人桌上。
21. 再度以兩個奶鋼來回反覆「交換」牛奶，直到二壺的牛奶量與稠密程度相同。
22. 將牛奶注入第一杯拿鐵，盡速端至客人桌上。
23. 當前兩杯完成萃取之後，便停止水流。
24. 將第三杯飲品置於檯面。
25. 將牛奶注入第二杯拿鐵，盡速端至客人桌上。

經過反覆練習，咖啡師的技術將臻至熟練，且習慣同時多工進行蒸奶、磨豆與觀察義式機萃取狀態。建議每位咖啡師持續往此目標邁進，在不損及飲品品質的狀態之下，盡力且有效率地工作，並持續精進。

兩名咖啡師共用一台義式機的流程安排

在忙碌的咖啡館中，很常會由兩名咖啡師共同使用一台義式機。這樣的做法可讓出杯速度更快，但也可能造成某些協作的問題。

以協作的通則而言，應分配一名咖啡師**專職進行義式濃縮咖啡的萃取**，另一名則**負責蒸奶與完成飲品**。處理牛奶的咖啡師因為任務較為困難，應擔任「引領」的角色，指揮工作流程與下決定；負責義式濃縮的咖啡師則要在對方的要求下製作咖啡，並確實留意萃取量是否正確對

應點單飲品所需。

當某一名咖啡師的進度落後時，應及時請另一名咖啡師協助，以維持兩者的合作順暢。例如，當蒸奶咖啡師的進度已落後數杯，就應該請另名咖啡師同時進行一壺蒸奶，甚至協助完成一杯飲品，以**避免任何義式濃縮咖啡開始氧化**。當工作流程能夠再度同步時，兩位咖啡師便可以回到原本的合作流程規畫。

以上僅僅是一種可能的系統。經驗豐富的咖啡師當然能以充滿彈性的流程工作，但訂定一個在狀況出現時可供依靠的預設系統，是滿不錯的點子。

CHAPTER

6

滴濾咖啡

滴濾咖啡都不新鮮？

滴濾咖啡在世界各地的聲譽似乎都不太好，背後許多原因也都頗有道理。很多咖啡館的滴濾咖啡幾乎**永遠放在加熱爐上或保溫壺中**，端上桌時總顯得疲軟又苦澀。甚至連眾多「精品」咖啡業者，都免不了以這樣的方式供應各種類型的飲品。

當顧客在家以 20 美元的咖啡機器做出來的咖啡，要比咖啡業者以 3000 美元的機器做出來的還要美味、便宜時，一切都顯得相當諷刺。

絕大多數咖啡館改善自家滴濾咖啡狀況的最簡單方法，就是**確保所有端上桌的咖啡都很新鮮**。以下是永遠都能端出新鮮咖啡的幾項建議：

- 不論各位的咖啡館多麼忙碌，請在一個營業時段內，僅提供**單一一種**以滴濾咖啡機預煮出來的咖啡。
- 在不會太快用完的前提下，將預備咖啡壺或保溫壺內的咖啡量限縮至最少。
- 訓練員工養成此習慣：不必每當預備咖啡壺或保溫壺空了，就自動沖一壺新的備著，而是**等真的有需要時再沖**。
- 如果各位手邊使用的是玻璃咖啡壺，或是非絕緣金屬壺，請更換成**密封的保溫容器**。

即使以上所有條件都能達成，大家仍必須**設定一段保鮮時限**；時限一到，就將預備壺中的咖啡倒掉。我認為，當顧客掏出 2 或 3 美元

向你買咖啡，你端上的若是一杯放了 30 分鐘以上的產品，無疑是對客人的汙辱。如果各位覺得把老咖啡倒掉很浪費，不妨想想，一間餐廳端上桌的，若經常是不新鮮或放了很久的食物，恐怕很難有好名聲吧？如果各位仍認為浪費，不妨極端一點：試著自己連續數週只喝放了一小時以上的老咖啡。若你還是認為不應該倒掉老咖啡……也許你入錯行了！

當你能明白上述觀念，也請接著訓練員工確實理解，為何自己必須倒掉這些老咖啡。換個角度想，宣傳時若能提及「我們為了提供新鮮產品，不惜倒掉了多少咖啡」，也是個不錯的賣點。

隨著實行上述「新鮮咖啡標準」的時間越久，各位將看到店內生意日益好轉。**而當你賣出更多新鮮咖啡，被倒掉的老咖啡就會跟著減少**。

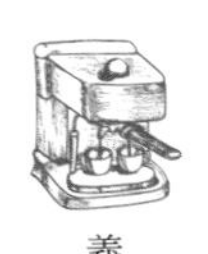

滴濾咖啡的沖煮標準

於 1950 與 1960 年代，咖啡沖煮協會（Coffee Brewing Institute，後來成為咖啡沖煮中心〔Coffee Brewing Center〕）訂定了所謂**咖啡沖煮標準**並沿用至今。我試著尋找咖啡沖煮中心的原版出版品，但可惜未果。以下標準出自咖啡沖煮中心，但資料來源為第二手：

滴濾與法式濾壓咖啡		
水粉比例	溫度	總溶解固體（TDS），僅適用於滴濾咖啡
3.75 盎司咖啡粉：64 盎司水	攝氏 91 ～ 95 度	11,500 ～ 13,500 ppm

本章後續討論的所有沖煮情形，皆以此標準為假設進行。

溶解率、沖煮強度、風味表現

滴濾咖啡的**沖煮強度**＊指的是一杯咖啡中可溶物質的濃度。沖煮強度不能代表風味表現的品質，但會影響風味的感受。當一杯咖啡的沖煮強度過高時，會壓制品飲者的感官、抑制其對更細微風味的察覺。

＊ 直接測量沖煮強度的標準流程，即是濾除所有咖啡液體中的不可溶物質，將過濾後的液體靜置蒸發或加熱烘乾，最後量測剩餘乾燥物質的重量。剩餘固體物質與原本咖啡液體（過濾後）兩者的重量比例就是沖煮強度。

溶解率顯示出沖煮後可溶物質的量，對應當次沖煮使用的咖啡粉原有重量，並以占有百分比表示。不同的可溶物質會以不同的速率溶解於水中（因此，每一種溶解率百分比代表著獨特的溶解物質組合、具有獨特的風味表現）。[26] 各位可在一次沖煮過程中，於不同時間點分批蒐集沖煮濾杯萃取滴下的咖啡，如此一來便能直接嘗到其中的差異。

溶解率較低的咖啡中，包含比例較高的較快速溶解化合物；咖啡的風味傾向較**尖酸、酸度較高、明亮且富果香**。當**溶解率較高**時，較緩慢溶解的化合物比例便跟著拉高；通常會讓**酸度降低，並偏向更香甜、苦甜與更多焦糖風味**。

可溶物質的溶解率，足以影響咖啡的酸度與風味。

調整溶解率與沖煮強度

溶解率與沖煮強度之間的關係頗為複雜。本頁的圖表說明了如何利用調整研磨刻度與水粉比例，改變溶解率與沖煮強度。

解決方式	對溶解率的影響	對沖煮強度的影響
調細研磨刻度	增加	增加
降低水粉比例	增加	降低
降低水粉比例與調細研磨刻度	增加	若研磨刻度恰當，則沒有影響
調粗研磨刻度	降低	降低
增加水粉比例	降低	增加
增加水粉比例與調粗研磨刻度	降低	若研磨刻度恰當，則沒有影響

研磨刻度

粒徑相對一致的咖啡粉能做出最棒的滴濾咖啡。當咖啡粉的粒徑尺寸變化範圍過寬時，就可能導致過度萃取與萃取不足。

最佳研磨刻度究竟是多少？一般必須依靠品飲判斷，不過，也可使用咖啡濃度計來量測沖煮強度，以輔助品飲的評斷。如果咖啡嘗起來有**苦味**、**澀味**或**舌面有乾燥感**，代表咖啡**過度萃取**，即**研磨刻度過細**；如果咖啡喝起來**疲軟**或**具有水感**，代表**研磨刻度過粗**。當咖啡入口後同時感到過度萃取與疲軟感，有可能是因為磨豆機的磨盤鈍了，必須重新打磨或直接更換。

判斷研磨刻度時，除了以杯測（cupper/cupping）（輔以工具）品飲，也可在沖煮流程結束之後，觀察**濕潤的咖啡粉層**。如果使用的咖啡豆距離烘焙完成已過了三～七天，且在沖煮之前才進行研磨，濕潤的咖啡粉層表面應該**覆蓋著白沫**。以下詳細說明：

- 若是只有些許或根本**沒有白沫**，而且咖啡粉感覺僅是稍微潮濕（像是濕潤的沙子），代表研磨刻度過粗。
- 若表面出現一個個**小坑洞與／或泥狀**，代表研磨刻度過細。
- 若看到咖啡粉層**某些區塊仍為乾燥**，即代表研磨刻度過細、咖啡粉層表面太接近出水噴頭，或某些出水噴頭的孔洞阻塞。

水溫

滴濾咖啡的沖煮水溫應介於**攝氏 91 ～ 96 度**，依烘焙程度、水粉比例與希望呈現的風味表現而定。沖煮水溫對萃取的影響大致如下：

- **水溫較高**，會增加**酸度**、**苦味**、**醇厚度與澀味**等感受。[26]
- 水溫較高通常會**增加萃取濃度**，絕大部分化合物的溶解度會隨著溫度上升而增加。此道理同樣適用於義式濃縮咖啡的萃取。[21]
- 溫度不同時，各式化合物的各種**相對溶解度**會跟著改變。因此，不同的水溫並非只是累積不同溶解物質的濃度，也會讓杯中各種物質的溶解濃度出現變化。

擾動

這是一種混合了咖啡粉、氣體與熱水的混沌狀態。擾動狀態之所以出現，是因為**熱水接觸咖啡粉時，釋放其中氣體所致**。擾動會減緩水流穿過咖啡粉的速率、降低咖啡粉浸潤的速率，同時也會導致沖煮完畢之後，我們在濕潤的咖啡粉層表面所看到的白色泡沫。

滲濾期間出現擾動狀態很重要，它能**讓顆粒漂起並彼此分開**，同時讓整個咖啡粉層中的**流速更為一致**。[26] 再者，擾動也可讓萃取程度更為相似，因為出水噴頭的水流會落在不斷移動的咖啡顆粒上，藉此避免只有特定的咖啡粉受惠。但擾動過度也會形成問題，它可能會**過度延緩**

咖啡粉浸潤速率；也可能造成咖啡粉層流速太慢，導致**過度萃取**。

當咖啡館使用的都是烘焙後四～六天的咖啡豆時，控制擾動並非過於困難。當咖啡館有咖啡豆存貨問題，或是必須使用烘焙後**超過十天或不到兩天**的熟豆沖煮時，就必須試著彌補非正常的擾動。

烘焙後擺放超過十天的咖啡豆，沖煮時的**擾動會較少**，因此必須**將研磨刻度調細**，以減緩沖煮流速。烘焙後僅僅兩天的咖啡豆，則會出現太過激烈的擾動。另外，在海拔較高的地區沖煮咖啡時，擾動情形也會增加。以下說明三種可彌補激烈擾動的方式。

咖啡粉層上因擾動而產生白色泡沫。

第一，使用**粒徑較粗**的咖啡粉。第二，試著將磨豆與咖啡沖煮的間隔，**拉寬至間隔數分鐘至數小時不等**。許多咖啡專家覺得這是一種十分糟糕的做法，但此方式相當於將完整的咖啡豆多靜置數日。第三，各位若使用具**預浸潤**或**預浸潤靜置**（prewet delay）功能的自動咖啡機，就能藉此讓咖啡粉層整體的流速與濕潤程度一致，並逸散部分二氧化碳。無論熟豆在烘焙後被擺放了多久。

各種理想的咖啡沖煮量

每一種咖啡機與濾杯的組合，都有某種最佳沖煮量範圍，此範圍的影響因素包括濾杯的直徑與形狀、出口噴頭的設計與流速、濾杯底部滴濾孔洞的尺寸，以及濾紙滲透性等。其中最重要的因素，就是**濾杯的直徑，它決定了咖啡粉層的厚度**，而研磨刻度與接觸時間必須依此調整。在其他因素不變的情況之下，濾杯的直徑越大，代表沖煮量越大。

在特定咖啡機的固定流速之下，若想萃取出特定溶解率與沖煮強度的咖啡，**咖啡粉層越厚**，便需要**粒徑越粗**的咖啡粉；**咖啡粉層越薄**，則需使用**粒徑越細**的咖啡粉。這是因為沖煮水流會受到較厚咖啡粉層的較高阻力，咖啡粉與水的**接觸時間**（contact time）會因此拉長。理想沖煮量範圍之外的容量，則需使用極細或極粗的咖啡粉，但這類極端的咖啡粉粒徑會導致接觸時間過長或過短，進而損傷咖啡的風味表現。

當各位使用能夠調整出水噴頭流速的較精密咖啡機時，就能在不同的咖啡粉層厚度之下，以相同的研磨刻度萃取出特定的溶解率與沖煮

強度。若是使用這類咖啡機，當沖煮量較小時，噴頭流速須調整成較緩慢；沖煮量較大時則流速較快。所有沖煮量大小的流速，都應依照**水粉的接觸時間**而定。例如，沖煮量約 2 公升時，就必須調整成接觸時間為 4 分鐘的研磨刻度；約 4 公升沖煮量的接觸時間則約為 3 分 30 秒。

儘管並沒有所謂**咖啡粉層最佳厚度**，但咖啡沖煮中心建議的咖啡粉層厚度為 **2.5 ～ 5 公分**。我個人的經驗也與此厚度相似。

如何萃取極小的沖煮量？

沖煮少量咖啡時，最理想的方式為**使用較小的錐形濾杯**，或是在濾杯中**加裝金屬內網**。兩種選擇都能成功縮小濾杯內部直徑，同時增加咖啡粉層厚度，沖煮極小量咖啡時便得以使用粒徑較粗的咖啡粉。

這兩個濾杯都是根據同一種咖啡機所設計。右邊的濾杯為了做出沖煮量較小的咖啡而製成錐形。

如何萃取極大的沖煮量？

想要以厚度很高的咖啡粉層，萃取出極大沖煮量的咖啡，需要採用**「兌水」**的手法。所謂兌水，是將一部分的沖煮水繞過濾杯，**不流經咖啡粉層且直接稀釋咖啡**。

換句話說，「兌水」就相當於以相當高的水粉比例，沖煮出正常的溶解率與極高沖煮強度的咖啡，接著再利用直接添加水分的方式降低沖煮強度。當你不使用兌水功能，且以厚度很高的咖啡粉層沖煮咖啡時，便須**將研磨刻度調粗**，以降低水粉接觸時間、避免過度萃取。在某些狀態下，其實並沒有所謂「足夠細緻」的研磨刻度，可提供適當的沖煮強度；也沒有「足夠粗大」的研磨刻度，可避免沖煮水從濾杯溢出。

兌水

我大約有將近十二年的時間，始終拒絕使用兌水手法，因為我不相信這樣做出來的咖啡會有多優質。某一天，一位在美國芝加哥開設Metropolis Coffee咖啡館的朋友東尼（Tony）打電話來給我，說他在密西根（Michigan）喝到一杯相當美味的咖啡，而且兌水比例高達一半！當下我才理解，自己必須學習如何使用兌水這項技巧。

兌水讓我們得以在咖啡粉層相對較厚時，依然能使用研磨刻度較細的咖啡粉。若是少了兌水，「正常」研磨刻度的較厚咖啡粉層，只會沖煮出**過度萃取**的咖啡，且**溶解率高**，還會有**非常非常強的沖煮強度**。反之，當使用了兌水，穿過相同厚度咖啡粉層的水就會比較少，因此能避免過度萃取，同時得以使用較為恰當的研磨刻度。

以特定研磨刻度萃取高沖煮量的咖啡時，可透過以下方式兌水：

1. 寫下之前在萃取**中份沖煮量**時，咖啡風味最佳的各種參數，包括研磨刻度、水粉比例、沖煮量與沖煮強度。
2. 決定一個即將使用兌水的較大份沖煮量。
3. 計算大份沖煮量比中份多出多少比例。例如，1.4加侖的沖煮量就比1加侖沖煮量多出40%。
4. 一開始兌水比例的猜想，可選用步驟3**數值的一半**。例如，上述1.4加侖沖煮量的20%使用兌水。
5. 實際沖煮並品嘗味道，同時計算**總溶解固體（TDS）**。總溶解固體太高（沖煮強度高），就增加兌水比例；沖煮強度太低，則降低兌水比例。
6. 繼續沖煮咖啡、持續調整兌水比例，直到嘗試出理想的沖煮強度。
7. 當沖煮出理想的咖啡時，記錄沖煮量、水粉比例、研磨刻度、兌水比例與沖煮強度。
8. 若你是擁有許多空閒且極具野心的咖啡狂熱者，可嘗試使用相同的研磨刻度，重複此過程數次。同時製作出一個圖表：X 軸為「沖煮量」；Y 軸則是「兌水比例」。將理想的沖煮結果畫在這張座標圖表中，接著將各個成功的沖煮結果點連成一條線，將此線標示為「研磨刻度 Z」。此圖表可當作未來各種大份沖煮量的參考設定值。
9. 替這張圖裱框，然後多印一份送給媽媽。

如何設定兌水條件？

在特定的沖煮量之下，要找出兌水比例與研磨刻度的正確組合，需要不斷地實驗。決定最佳研磨刻度的方法之一，就是使用手邊咖啡機**「在未兌水情況下，所煮出的最佳風味中份沖煮量」**的研磨刻度。兌水比例則可根據先前理想風味中份沖煮量與大份沖煮量之間的比例決定。因為研磨刻度與風味表現之間的關係相當緊密，不論是「正常」沖煮量或使用兌水的大份沖煮量，相同的研磨刻度都應該能做出一致的風味曲線與沖煮強度。

一開始，**兌水比例**的起始嘗試，可設定為**大份沖煮量增加比例的三分之一**。例如，正常沖煮量若是 1 加侖，新的大份沖煮量是 1.5 加侖，大份沖煮量便是增加了原本標準沖煮量的 50%，而兌水比例即為 50% 的三分之一：約 17%。這個數值應該會相當接近最終的理想兌水比例。

計算出起始的兌水比例後，以標準沖煮量的研磨刻度沖煮出一壺大份咖啡，嘗嘗味道，然後計算總溶解固體。如果**總溶解固體太低**，請**降低兌水比例**；若**總溶解固體太高**，就**增加兌水比例**。若是兩種沖煮量的總溶解固體一致，那麼嘗起來應該就是理想風味。

濾紙

濾紙在保存期間很容易吸收異味[26]，煮出來的咖啡也會跟著染上此味道。為了降低濾紙對咖啡風味的影響，在正式沖煮前，請記得**以熱水沖洗濾杯與濾紙**。事前進行沖洗，亦可除去濾杯與咖啡壺中任何殘餘的咖啡粉，同時達到**預熱**濾杯與咖啡壺的作用。

沖洗時，在濾杯中放入一張濾紙，並將濾杯卡進咖啡機。接著將沖煮熱水流經濾杯、進入空的咖啡壺（或任何一個蓋子打開的壺）中。數秒鐘後，就可關閉沖煮水。若你會使用同個咖啡壺或保溫壺盛裝接下來煮出的咖啡，請記得在**結束沖洗後將水倒掉**。

濾紙沖洗完後即可倒入咖啡粉，接著**前後搖晃濾杯，使咖啡粉層表面平整**。將濾杯裝回咖啡機時，力道切勿過強，避免粉層傾斜移動。

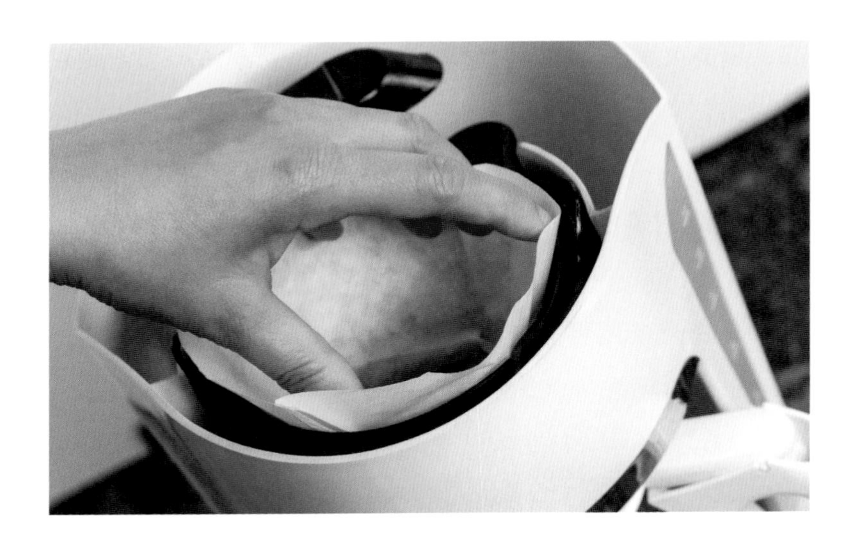

以攪拌讓萃取平均

使用頂端開放或任何手沖的沖煮系統時，皆可透過**攪拌**改善萃取狀態。理想上，當**5～10%的沖煮水注入咖啡粉層**時，就應該立即進行攪拌。這時的攪拌可確保所有咖啡粉都同時以水浸濕，進而增進萃取的均勻度。

當**所有沖煮水都注入咖啡粉層**時，咖啡師應盡快再度攪拌。第二次攪拌可將咖啡粉從濾杯壁上帶開，避免出現沾黏其上的**「高掛風乾」**（high and dry）咖啡粉。高掛風乾咖啡粉的壞處在於，當濾杯底部的咖啡粉持續萃取時，部分黏在濾杯高處的咖啡粉不會經過任何萃取，如此一來，這些高掛風乾的咖啡粉，萃取程度就會比濾杯底部的還低。

另外，攪拌過程必須輕柔，維持咖啡粉層**最低限度的擾動**。激烈的攪動可能導致細小的咖啡粉阻塞濾紙的孔洞。在其他條件一致的狀態之下，經過**越多次攪拌**的咖啡粉層，其咖啡粉的**研磨刻度應該越粗**，以達到相同的萃取程度。

咖啡機的自動調控功能

坦白說，有時候我真懷念只須擔心滴濾咖啡機溫度與沖煮量設定的舊時光。如今，自動咖啡機的調控選擇很多，包括預浸潤比例、預浸潤靜置、兌水比例、沖煮時間，當然還有溫度與沖煮量。

以下將說明設定自動咖啡機的基本準則。不過，各位無須太過執著文中的參數；切記，最終，最重要的參考依據永遠都是**實際品飲**。

預浸潤比例與預浸潤靜置

預浸潤可讓整個咖啡粉層在萃取開始前達到濕潤與增溫，有助增進萃取均勻度，並消除咖啡粉層上部與下部間**萃取速率的差異**。儘管前文提過，不少專家認為預浸潤可幫助降低通道效應，但在絕大多數滴濾咖啡機上，此說法並不一定成立（以下將說明）。

設定預浸潤比例的方式，可先從試驗找出最大預浸潤量開始，也就是預浸潤流程完成後的**30 秒鐘之內**，濾杯都沒有流出任何咖啡液體的狀態之下，所能承受的最大預浸潤量。

找到最大預浸潤量後，就可直接開啟自動咖啡機。當沖煮流程進行到預浸潤完成之後，關閉機器；等待 20 ～ 30 秒，緩慢且謹慎地取出濾杯、放至檯面，以湯匙一層一層地撥開咖啡粉仔細觀察。整個咖啡粉層都應該是濕潤的。如果下部咖啡粉層乾燥，就要將預浸潤比例調高；如果某些部位**出現濕潤不均或乾燥現象等通道效應**，也許代表**不應該使用這台咖啡機的預浸潤功能**。

為了分開預浸潤階段與剩下的沖煮流程，必須使用預浸潤靜置。當**咖啡豆越新鮮時，採用越長的預浸潤靜置**，可帶出更多的二氧化碳，並降低擾動現象。若要使用時間很長的預浸潤靜置，也許必須將研磨刻度稍微調細，並且將沖煮溫度調升幾度。

沖煮時間

沖煮時間是沖煮流程裡，**注入所有沖煮用水所花費的時間**；沖煮時間對於咖啡風味的影響相對較少。我們應設法將沖煮時間調整成：整個沖煮過程中，能在咖啡粉層的表面**保持一個穩定的小水窪**。當沖煮時間太短或太長，即表示需要調整**研磨刻度**。

兌水、沖煮量、溫度

這三項參數已在本章前半討論過。

自動咖啡機典型參數設定

與許多傑出的咖啡館擁有者討論後，以下是我歸納出使用0.5～1.5加侖（2～6公升）自動咖啡機的典型參數設定。

自動咖啡機典型參數設定			
容量	0.5 加侖（2 公升）	1 加侖（4 公升）	1.5 加侖（6 公升）
預浸潤比例	12～15%	12～15%	12～15%
預浸潤靜置	0:40～0:50	0:50～1:00	1:00～1:10
沖煮時間	4:00～4:30	3:15～3:45	3:15～3:45
兌水比例	0%	0%	17%
溫度	攝氏 93～95 度	攝氏 93～95 度	攝氏 93～95 度

計算咖啡的萃取率

在調整研磨刻度與自動咖啡機的設定時，利用咖啡濃度計測量沖煮強度會很有幫助（參見 103 頁〈測量萃取〉）。只要知道沖煮強度、咖啡粉重量與咖啡液體重量，即可算出沖煮的萃取率。

前文曾提過，萃取率與咖啡風味有緊密的相關。雖然萃取率依舊奠基於個人口味喜好，但仍建議各位試著**使萃取率達到 19 ～ 20%**。（原文第三版補充：大家可參考我的另本著作《咖啡沖煮的科學》，其中包含關於計算咖啡萃取量的豐富討論。）

如何保存沖煮完成的咖啡？

咖啡沖煮完成後若不會立即飲用，應先安置於**密封保溫容器**。[26] 如此一來，即可降低溫度與揮發香氣的逸散。在保存期間，請將溫度維持於**攝氏 79 ～ 85 度**，以盡量**減少酸味**的發展。[26] 然而，無論保存條件為何，沖煮完成後**經過 15 ～ 20 分鐘**，咖啡風味就會出現可察覺的衰退。

現沖滴濾咖啡

最近，滴濾咖啡正歷經令人興喜的革新：許多咖啡館的滴濾咖啡已不再是沖煮出一大壺備著，等到端上桌時早已放了一小時以上。部分咖啡館已換成可頻繁單次沖煮 1.5 公升左右的**法式濾壓咖啡**；某些咖啡館則是使用 Clover™ 咖啡機**現沖每一杯咖啡**；還有一些咖啡館則是竭盡全力地現場製作每一杯**手沖咖啡**。

由此可見，義式濃縮咖啡的廣受歡迎，似乎並未將滴濾咖啡徹底趕盡殺絕，反而激起滴濾咖啡進一步的成長，並與之競爭。

咖啡館內現場製作的手沖咖啡。

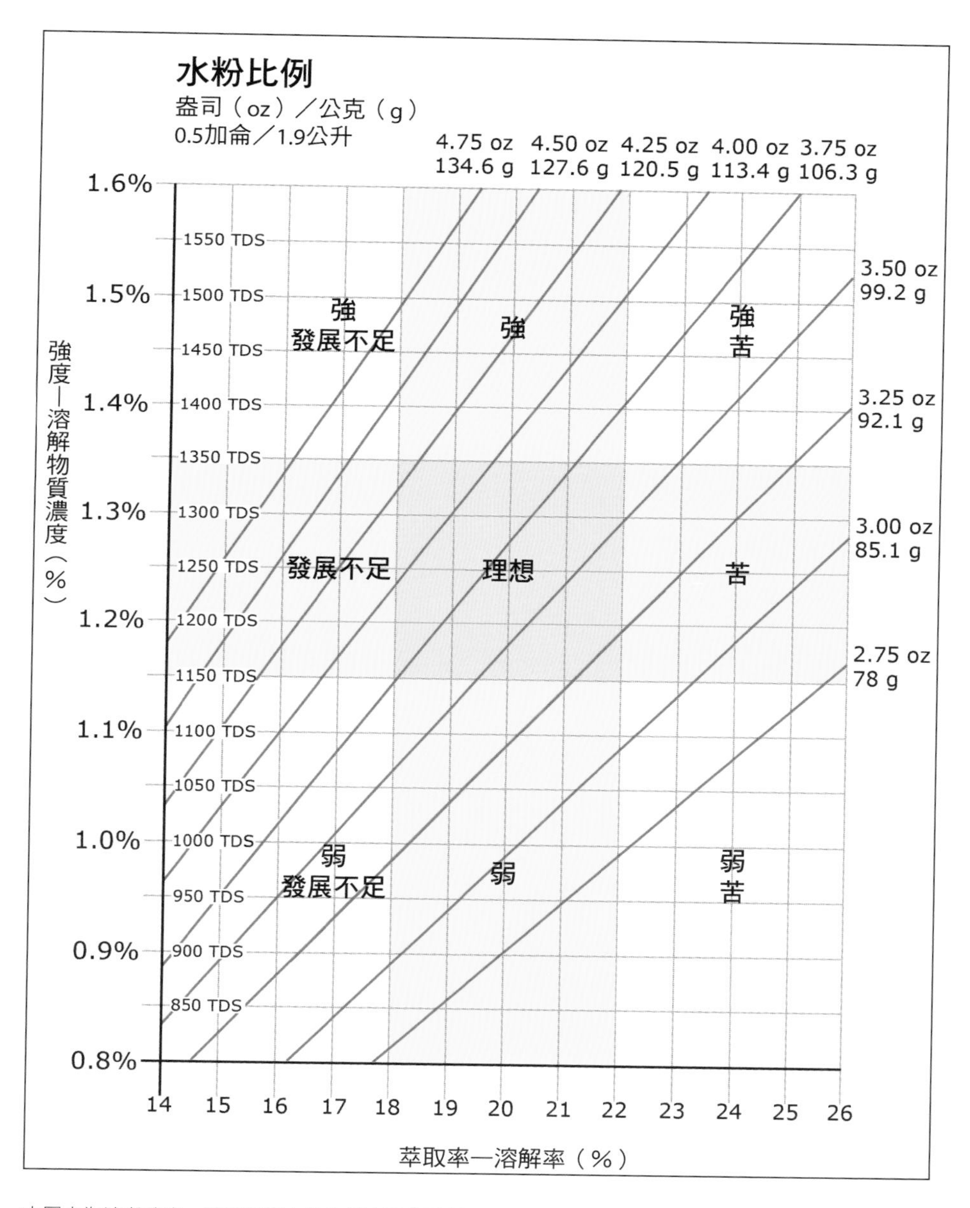

本圖表為沖煮強度、溶解率與水粉比例之間的關係；只要得知其中任何兩項的數值，就能透過計算得知第三項數值。[26] 三者的關係由咖啡沖煮中心於 1960 年代精心繪製成此圖表。經過美國精品咖啡協會同意複印。

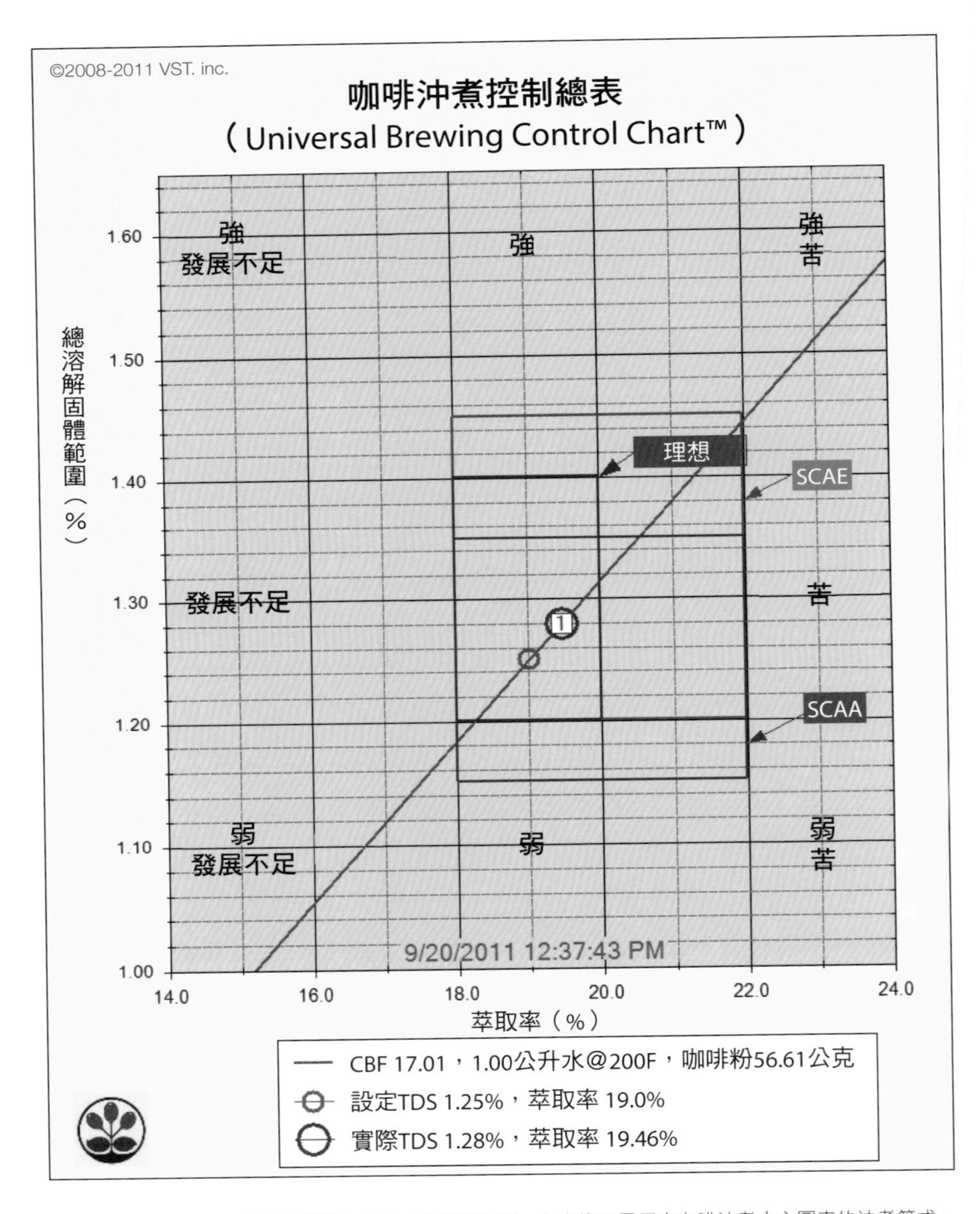

此圖表由 ExtractMoJo 控制表發明者文森・費德萊繪製。文森修正了原本咖啡沖煮中心圖表的沖煮等式，增加了水密度會隨溫度變化的影響，並且將沖煮等式以水重與咖啡粉重的比值計算，如此一來，任何計算單位都可使用同一份咖啡沖煮控制總表。

許多咖啡館端上的「精品」咖啡都放了40分鐘以上，這種現象十分可惜且令人沮喪（至少對我而言）。有時我會想，這樣的做法究竟是會讓咖啡館節省開銷，還是其實是喪失顧客？

濾紙、濾布與金屬濾網

濾器的孔隙度與材質，對於滴濾咖啡的品質有顯著的影響。孔隙度較高的濾器，會增加流經咖啡粉層的流速，需使用較細的研磨刻度，以維持適當的水粉接觸時間。

濾器孔隙度也會影響一杯咖啡的**不可溶物質量**。不可溶物質會增加咖啡的**醇厚度**，但也會削弱酸度並使風味混沌。因此，濾器的選擇與醇厚度及**風味純淨度**的取捨有關；孔隙度越高能創造較高醇厚度，但降低風味純淨度。

各種材質種類的濾器孔隙度多元，所以金屬濾網的孔隙度多多少少可能比濾布來得更高。不過，第 182 頁 的概述通常都是正確的。

編按：左頁沖煮控制總表中的 SCAE 為歐洲精品咖啡協會，已於 2018年1月1日與美國精品咖啡協會 SCAA 正式合併為 SCA 精品咖啡協會。

- 以金屬濾網沖煮出的咖啡會有**十分厚實的醇厚度**，以及較差的風味純淨度。每次使用之後，都應該徹底清潔金屬濾網，避免不斷累積咖啡油脂。
- 以濾布沖煮出的咖啡能**帶有不少醇厚度，風味純淨度中等**。濾布能做出相當美味的咖啡，但容易變形，也很容易吸收油脂與化學清潔劑。如同金屬濾網，濾布也須徹底清潔。
- 以濾紙沖煮出的咖啡擁有**最低的醇厚度**，以及**最高的風味純淨度**。由於濾紙是免洗耗材，所以長期而言可能是最昂貴的選擇，但維護濾紙所需的時間與精力最少。

以濾布製作滴濾咖啡，可得到適中的醇厚度與風味純淨度。

冷凍咖啡豆

去年，我在我母親的冷凍庫發現一些我六年前烘焙的肯亞 AA 等級咖啡豆。我十分好奇這些歷經六年冷凍的咖啡豆的狀態，急著想馬上沖一壺嘗嘗。

嘗過之後，我不能說這批豆子煮出來的咖啡，有比六年前剛烘焙完成時好喝，但這的確讓我發現**冷凍是一個可行的貯豆方式**。自此，我成為了冷凍咖啡豆的愛用者。

許多人認為咖啡豆會因為冷凍造成損傷，**這只是迷思，請勿相信**。

冷凍之所以能成為長期儲存咖啡豆的方式，是因為**冷凍可以減緩氧化速率約十五倍，並且將油脂凍結**，大幅減少揮發性物質的移動。[7] 再者，熟豆內的少量水氣會與基質聚合物聚合，因此無法凍結。[16]

恰當的冷凍咖啡豆做法，是將咖啡豆放入氣密容器，並且在要沖煮時才從冷凍庫取出。為了盡量維持冷凍咖啡豆的風味，請將咖啡豆**以一次的沖煮量密封分裝**。在需沖煮的前晚取出，並於隔天要磨豆時再打開密封容器。在咖啡豆接觸室溫空氣前，**先行解凍至室溫**，可防止水氣於豆表凝結。請注意，**解凍後就必須將咖啡豆用完，請勿再次冷凍**。

CHAPTER

7

法式濾壓咖啡

法式濾壓是一種**非常低科技**的沖煮方式，至今已超過一百年歷史。然而，法式濾壓咖啡可謂從未歷經任何改良。相較於滴濾咖啡與其他滲濾方式，法式濾壓對於咖啡粉的**萃取比較均勻**。與滴濾咖啡相較，一杯優質的法式濾壓咖啡，擁有**較高醇厚度**，以及較少苦味、澀味與發展不足的風味。

法式濾壓使用**網眼較粗**的濾網，能讓大量不可溶咖啡顆粒與油脂進入咖啡；法式濾壓咖啡便因此擁有極高的醇厚度，以及糟糕的風味純淨度。當各位希望咖啡擁有法式濾壓的均勻萃取，但又偏好純淨風味時，可先用法式濾壓壺製作一杯咖啡，然後在**飲用前以濾器過濾**。

注水時，**請勿以目測水量體積的方式**操作。不同咖啡豆接觸熱水時，會出現體積差異相當大的泡發層（bloom）。另外，製作完成後若會先靜置數分鐘才飲用，請先將法式濾壓咖啡倒入預熱過的保溫容器。且最好透過濾器倒入，以防止任何沉積物進入容器。沉積物會在咖啡靜置的過程增加苦味。

如何製作美味的法式濾壓咖啡？

1. 將水煮沸，注入法式濾壓壺前，水溫應**比理想數值（攝氏 91 ～ 95 度）高出幾度**，替後續的溫度逸失預留餘裕。
2. 以公克秤重計測量咖啡豆。如果各位是在家中沖煮且沒有公克秤重計，可採用下列的簡便比例：**舀一勺「咖啡匙」或兩大匙平匙咖啡粉，搭配 4 盎司（113 公克）的水**。
3. 用一點熱水預熱法式濾壓壺。加入咖啡粉前，記得將水倒掉。
4. 將咖啡粉倒入法式濾壓壺。
5. 將法式濾壓壺放上秤重計，單位設定為盎司或公克，然後歸零。注意，溫度為**攝氏 93 度的 1 盎司水，重量為 28.3 公克**。
6. 一面秤重，一面將水倒入法式濾壓壺。達理想水量時即停止。
7. 如果各位手邊沒有秤重計，請準備溫度稍高一點的水，先倒入預熱過的量杯，測出體積。
8. 設定計時器。適當的浸泡時間需視研磨刻度而定：研磨刻較細，浸泡時間須較短；研磨刻度較粗，浸泡時間則較長。
9. 經過大約 **15 ～ 20 秒後，攪拌咖啡**，使泡發層或泡沫層裡頭的氣體逸散，並幫助咖啡粉浸潤（見第 188 頁實作圖）。
10. 裝上法式濾壓壺的蓋子，壓下濾網**至液面下方一點點**。如此能讓所有咖啡粉浸沒於液體中。
11. 當計時器響起，下壓濾網，並**立即倒出咖啡**。若有需要，可二次過濾咖啡提高純淨度。

攪拌泡發層促進浸潤

法式濾壓壺注水後，表面會形成泡發層。待 15 ～ 20 秒後攪拌咖啡，可幫助咖啡粉浸潤。最後，壓下濾網至液面下方一點點，使所有咖啡粉浸沒於液體中。

法式濾壓的浸泡時間

當以法式濾壓壺第一次沖煮某支新咖啡豆時，建議使用預設的浸泡時間與研磨刻度組合。我個人會從 **3.5 分鐘的浸泡時間**與相應研磨刻度開始嘗試。

如果以預設組合做出的咖啡太輕薄或過酸，我個人就會在下一次將浸泡時間**調整為 4 分鐘，並將研磨刻度調粗**一些。相較於此，若預設組合使咖啡味道太過平乏，我會將浸泡時間**改成 3 分鐘，而研磨刻度調細一些**。沖泡完成、嘗過咖啡味道後，我還會再做進一步調整。

以上設定僅為參考。各位喜歡的味道不一定和我相同，也許會有與我完全不同的浸泡時間與研磨刻度。

CHAPTER

8

沖煮用水

水化學入門

水化學在精品咖啡界裡，一直沒有得到應得的重視。每個人都聽過「咖啡裡 98.75% 都是水」這種話，但很少有人意識到，剩下 1.25% 的成分，會受到水化學多大的影響。

舉例來說，各位也許會認為**碳過濾的水**喝起來很不錯，但它可能會讓昂貴的肯亞競標豆，喝起來完全不敵以**優質水**沖煮出的肯亞標準品質豆（FAQ）。

沖煮用水的化學組成，對咖啡風味的影響甚大。

基本沖煮水

一般常識都認為，沖煮用水應經過碳過濾，而且嘗起來沒有任何的「異味」。但這只是優質沖煮水的基本起點。

想讓你的咖啡（或茶、義式濃縮咖啡）發揮最大潛力，沖煮用水就必須是**中性酸鹼值**，並擁有適當的硬度（hardness）、鹼度（alkalinity）與總溶解固體（TDS）。

以下是與咖啡製作相關的水化學專有名詞：

- **總溶解固體**：在一定容量的水中，最長直徑小於 2 微米（micron）的所有物質成分組合。其計算單位為百萬分之一（ppm）或是毫克／公升（mg/L）。
- **硬度**：雖然其他金屬離子也會增加水的硬度，但一般來說是指溶解液體中的鈣與鎂離子的計算值。計算單位為毫克／公升（或是喱〔grain，即 0.065 公克〕／加侖〔gallon〕）。
- **酸鹼值（pH）**：酸度的計算值，即液體中氫離子的濃度；中性的酸鹼值為 7.0。
- **酸性**（acid）：酸鹼值小於 7.0 的溶液。
- **鹼性**（alkaline）：酸鹼值大於 7.0 的溶液。
- **鹼度**：溶液中和酸的能力。計算單位為毫克／公升。

有時，各種描述水化學的專有名詞與計算單位，在我看來根本是專門設計用來使人混淆。為了讓一切更單純直接，我偏好**捨棄無數計算轉換單位**，僅以 ppm（或毫克／公升）計算總溶解固體（TDS）、硬度與鹼度。

專有名詞

鹼度與鹼性兩個名詞所指不同。「鹼性」特指酸鹼值介於 7.01 ～ 14 的溶液，而**「鹼度」則是溶液緩衝酸性的能力**，更口語的說法就是，溶液對於變得更酸的**抵抗力**。

> 溶液可以「很鹼」（鹼性很高），但同時鹼度很低，反之亦然。各位可以把鹼性看作溶液在政治光譜中的某個位置。假如鹼性偏好右派，而酸性偏左派；鹼性代表保守派，而酸性則是自由派（此比喻不帶任何政治評價）。另一方面，鹼度比較像是對於成為自由派的抵抗力。所以，不管我們身在政治光譜的哪一端（酸性或鹼性），對於變得更自由派，依舊可以有抵抗（擁有高鹼度）或樂意（擁有低鹼度）兩種反應。

硬度與鹼度之間的關係，也值得進一步清楚解釋。硬度源自於鈣離子、鎂離子與其他陽離子（正價離子）；鹼度則來自碳酸鹽、碳酸氫鹽與其他陰離子（負價離子）。因此，**碳酸鈣**這類化合物會同時增加硬度與鹼度，因為它是以鈣（硬度）與碳酸鹽（鹼度）組成。

另一方面，**碳酸氫鈉**則能增加鹼度，但不會提升硬度。一般水質軟化劑的運作方式就是將水中的鈣取代成鈉。這樣的做法能降低硬度，但不會影響鹼度。

鍋爐**水垢**的形成就是硬水加熱所造成的**碳酸鈣沉澱**。水垢沉澱時，會降低水中的硬度與鹼度。長期下來，水垢會嚴重損害義式機。短期而言，水垢也會使小型閥口或管道很快地出現阻塞；尤其是流量限制器與熱交換節流器特別容易因此損壞。

除了**定期清洗**之外，義式機製造商也會建議使用者以**水質軟化劑**保護機器。不過，水質軟化劑也很有可能在保護機器的同時，毀了一杯義式濃縮咖啡（參見第 198 頁〈水處理類型〉）。

定期清洗義式機，可避免水垢造成的損害。

沖煮用水的標準

以下標準適用於沖煮咖啡、茶與義式濃縮咖啡。

咖啡、茶與義式濃縮咖啡的沖煮水			
總溶解固體	酸鹼值	硬度	鹼度
120～130 ppm（毫克／公升）	7.0	70～80 毫克／公升	50 毫克／公升

咖啡產業絕大多數的**硬度**與**總溶解固體**建議數值，會比上方圖表還要高出一些。儘管以咖啡業界建議標準量沖煮出的咖啡，品質會稍微更好一點，但我並不建議以那樣的數值沖煮義式濃縮咖啡，因為這會**提高形成水垢的風險。**

理論上，在一般義式濃縮的沖煮水溫下，硬度稍高於 80 毫克／公升的水並不會造成水垢形成。但在實際世界中，義式機的溫度與水處理系統的硬度會不斷波動，而我不願冒著這樣的風險。另外，若有使用噴嘴與熱交換流量控制器也須謹慎，一點點的水垢就有可能嚴重危害這些小型孔洞的運作。

值得注意的是，一般蒸氣鍋爐的溫度，在水質呈 **70 毫克／公升**的硬度時，就會產生水垢。想同時擁有傑出沖煮水與保護鍋爐健康的唯一方法，就是**安裝兩條獨立供水管線**，分別供應義式機兩種水質硬度。

水化學如何影響咖啡風味？

簡而言之，溶解於沖煮水的「物質」越少，沖煮水就能從咖啡粉中溶解出越多「物質」。沖煮水的總溶解固體越高，溶解能力就越弱，因此無法從咖啡粉中萃取出足夠的溶解物質。以過高總溶解固體的沖煮水製作咖啡時，咖啡嘗起來會**平乏且混濁**；使用過低總溶解固體的沖煮水，則會製作出**尖銳且不精**緻的風味，常常會過於明亮。

硬水不會降低咖啡或義式濃縮咖啡的品質潛力；即使供應義式機的水質非常硬，但實際的沖煮水硬度也不會太高，因為一般沖煮水溫會將硬度沉澱為水垢。最不幸的是，熱交換器、流量控制器、流量計、開關閥、加熱物件，以及其他幾乎所有會接觸到這些的部位，都會因為水垢而損害或影響表現。因此，**硬水能做出優質咖啡，但也會毀了你的義式機**。

鹼性水或**高鹼度水**會做出貧乏、粉粉的且扁平的咖啡。擁有高鹼度的沖煮水會中和咖啡裡的酸性，做出一杯酸度較低的咖啡。如果沖煮水鹼度較低，做出的咖啡則會過於明亮且過酸。

酸性水會做出過於明亮且不平衡的咖啡；酸性與低鹼度的沖煮水也會有腐蝕鍋爐的潛在風險。

水處理

許多過濾設備公司與水族設備網站，都有供應測量水化學的工具儀器。每間咖啡館都應該檢測店裡的水，不論是自來水或過濾後的水（如果有加裝過濾設備）。各位除了可自行購買儀器檢測水質，也能將水樣本寄送到水處理公司委託檢測。請注意，自來水的水質狀態**每年都會有些轉變**；理想上，裝設水處理系統即可調整這類水質的季節轉變。

水處理類型

各位可根據水質檢測結果，試試以下的水處理方式：

1. 碳過濾

碳過濾能改善水的味道與異味，但會對總溶解固體與硬度產生微小的影響。每間咖啡館都該用碳過濾處理雜質濾除，並將此作為水處理的第一階段。

2. 逆滲透

逆滲透能消除 90% 的總溶解固體、硬度與鹼度。對義式濃縮咖啡、茶或咖啡而言，**純逆滲透水會過於純淨**。所有的逆滲透水都應該混合富含礦物質且經過碳過濾的水，或是搭配使用**再礦化劑**。

儘管逆滲透系統頗為昂貴且會損耗大量的水，但整體的維護成本

相對較低。總溶解固體很高的水應該先經過預處理，否則逆滲透膜將很快地被阻塞。

3. 離子交換樹脂

種類無數，例如去鹼、軟化與去離子。

- **去鹼**（dealkalizers）：以氯化物或氫氧基取代碳酸鹽與碳酸氫鹽。能在不影響硬度與礦物質含量的情況之下，降低鹼度。
- **軟化**（softeners）：以鈉離子取代鈣離子，讓硬度降低。軟化劑常常用於防止義式機的水垢堆積。不過，經過完全軟化的硬水並不建議用於製作義式濃縮咖啡，[9] 因為咖啡顆粒會因此難以浸潤，造成義式濃縮咖啡的滲濾時間過長，[2,12] 而需使用較粗的研磨刻度增加流速。因軟化處理產生的碳酸氫鈉，也會使顆粒膠結，[26] 讓滲濾過程變得不穩定且不均勻。如果沖煮水必須經過軟化，軟化水應該要再混合經過碳過濾的富礦物質水，或是搭配使用再礦化劑。不建議各位使用硬度小於 80 毫克／公升的軟化水。[9]
- **去離子**（deionizers）與**去礦物**（demineralizers）：使用一系列離子交換樹脂床與離子床，產生純淨或接近純淨的無離子水。如同逆滲透水，以去離子水沖煮咖啡之前，應混合經過碳過濾的富礦物質水，或是搭配使用再礦化劑。
- **再礦化**（remineralizers）：在水中加入礦物，以增加總溶解固體、鹼度與硬度的綜合值。

如何選擇水處理系統？

在決定進行何種水處理之前，必須先行檢測水源。如果各位的咖啡館很幸運地擁有適當的硬度、鹼度與總溶解固體，就只需要經過雜質過濾與碳過濾。幾乎所有水處理系統的第一道工序，都是**雜質過濾與碳過濾**。

若是各位的水源總溶解固體過高，但硬度與鹼度比例恰當，那麼經過碳過濾的水應該與逆滲透水或去離子水混合；如果硬度與鹼度的比例合適，但總溶解固體過低，就搭配使用再礦化。

若是水分的硬度與鹼度比例失當，應以逆滲透或去離子處理，先將水中幾乎所有的離子去除，接著以再礦化重新建構理想化學組成。

可能的情況與相應的解決方式無數。在各位選擇哪一種水處理系統之前，最好尋求了解水化學平衡重要性；並向**未投資任何水處理系統公司**的專家請益。

有趣的是，我發現沖煮茶、咖啡與義式濃縮的理想用水化學組成，其實近乎或完全相同。且**茶對水化學組成的敏感度更勝咖啡**，尤其是風味幽微的烏龍、白茶與綠茶。這是因為溶解於茶中的固體物質遠遠低於咖啡，原本水中的固體物質比例便相對較高所致。

除垢

如果各位的義式機有噴嘴或熱交換流量控制器，請每幾個月就檢查其中的微小孔口有無水垢。一旦發現任何水垢，可直接更換這部分的零件。**水垢**或這些**孔口阻塞**現象如同預警系統，是一種讓我們留意水源硬度是否過高的指標。例如沖煮頭的流速過低，也許就是孔口阻塞。

倘若大家的義式機有嚴重的水垢問題，就必須拆解開來進一步除垢。**除垢宛如噩夢，相當麻煩**，必須先刮削除去各個零件水垢，接著將這些零件泡在酸性溶液中。建議各位直接將義式機交由經驗老道的公司處理，或是當作終於可以購買那台你垂涎已久的新機的理由。

CHAPTER 9 茶

在近期許多咖啡師都狂熱鑽研義式濃縮咖啡的同時，關於如何沖煮出一杯優質茶的方面，卻依舊如同處於黑暗時代（dark ages）。真希望可以看到更多咖啡館，將獻給義式濃縮咖啡的熱情，分一點點給茶類飲品。

就像咖啡師在過去二十年來發展義式濃縮咖啡方面學到的，他們也必須開始指引上門的顧客發現這些美味的飲品。否則，茶類飲品將始終找不到發揮的機會。

泡茶基本指南

要以高品質茶葉浸泡出一杯理想的茶，必須藉由實驗茶葉量、沖煮水溫與浸泡時間，逐漸熟悉茶葉的潛力。當然，各位在**回沖時**也必須調整這些數值。

然而，這樣的實驗過程對於絕大多數的咖啡館而言可能有些不切實際。所以，以下提供各位適用於絕大多數茶葉的基本沖煮指南。

茶葉量

不論何種茶葉，**每 3 盎司（約 90 公克）的水，都必須至少使用 1 公克的茶葉**。以體積測量（例如一杯茶用一茶匙的茶葉）並不可靠，因為不同茶葉的密度差異相當大。幸運的是，對絕大多數的咖啡館而言，以秤重方式量測茶葉可減少浪費，因為大多數咖啡師都有過度使用茶葉的傾向。為節省泡茶時間，建議**事先量測茶葉量，並分裝成小包裝**。

浸泡時間

理想的浸泡時間須視水溫、茶葉量與水量的比例，以及茶葉大小而定。假設一間咖啡館沖泡所有種類茶葉的使用量都一致，那麼浸泡時間就會根據茶葉種類與茶葉大小所訂定的標準水溫而決定。**尺寸較小的茶葉**的總表面積會較大，因此**浸泡時間必須較短**；尺寸較大的茶葉則需要較長的浸泡時間；大型且捲起的的茶葉需要最長的浸泡時間。大致而言，茶葉的浸泡應該要在**特定程度的澀味開始萃取出來之前就停止**。建議的浸泡時間大約是 **30 秒～ 4 分鐘**。

沖洗

某些種類的茶葉必須先經過**沖洗流程**。沖洗茶葉時，可直接將茶葉放入茶壺中，或是準備**粗濾網的濾器**，讓小型茶末被沖洗水流帶走。在壺中注入溫水，大約 10 秒後將水倒掉。金屬濾杯、細網金屬濾器與紙製茶包都會留下所有的小型茶末，因此不適用於這類茶葉沖洗。

一般的泡茶方式

一般的茶葉都應該要在經過預熱且**封閉式的容器**中浸泡，同時須留有讓茶葉完全展開的足夠空間。我**並不建議各位使用泡茶球、茶包或任何小型的浸泡容器**，因為茶葉無法完全擴張開來。含有許多茶粉或茶葉碎片的茶葉，須先經過簡單的沖洗處理，以除去小型茶末。

浸泡次數會根據不同茶葉種類有所變化，同時也會受到茶葉與水的用量比例而不同。當水與茶葉比例高且浸泡時間短，浸泡次數就可能提高。例如，以傳統中式「功夫茶」風格泡茶時，比例可能高達**1盎司（約30公克）的水使用2公克的茶葉**。使用這類高比例，第一次的浸泡可能只需要**10～15秒**，接下來的浸泡次數可能高達八～十次。

泡茶時應以讓茶葉完全舒展為原則。

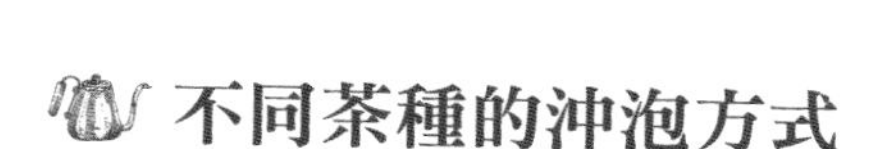

不同茶種的沖泡方式

紅茶

浸泡時間須謹慎掌控，當紅茶過度萃取時，很快會變得非常澀口。絕大多數的紅茶可浸泡一～兩次，浸泡水溫應為**攝氏 93 ～ 99 度**。**大吉嶺紅茶**則是例外，其浸泡水溫落在**攝氏 88 ～ 93 度**。

烏龍茶

在進行第一次浸泡之前，烏龍茶都應先進行沖洗。烏龍茶的浸泡次數約為三～六次。首次浸泡出的烏龍茶通常會過於明亮或粗糙，而第二次浸泡通常最平衡，接下來的每一次浸泡須**依序增加浸泡時間**，以萃取出足夠的風味與強度。浸泡較**深焙的烏龍茶**（茶葉顏色偏深褐）時，應使用**攝氏 85 ～ 91 度**的浸泡水溫；**淺焙的烏龍茶**（綠葉）則可用**攝氏 77 ～ 85 度**。

綠茶

少數的綠茶會需要沖洗，尤其是捲葉，或是有很多看起來像絨毛的「茶毫」的茶葉（須經過實際測試）。由於綠茶的種類與處理方式多到數不清，因此理想的浸泡水溫範圍很廣，約為**攝氏 66 ～ 82 度**。絕大多數的綠茶可浸泡一～三次。

白茶

優質白茶的細緻幽微風味，很容易被溫度過高的熱水破壞。理想的浸泡溫度落在**攝氏 71 ～ 77 度**，大多數的白茶可經過二～四次浸泡。白茶通常無須經過沖洗，除非其中的茶粉過多。

草本茶

帶出草本茶最佳風味的浸泡時間大約是 **1 ～ 4 分鐘**。但若要發揮潛在的療效，則須在封閉容器中浸泡至少 10 分鐘。絕大多數的草本茶都適合以**近乎沸騰的滾水**浸泡。

其他茶種

某些茶種需要以比較特殊的方式與水溫浸泡，例如抹茶、普洱茶、瑪黛茶（yerba mate）以及各式各樣的陳年茶葉。這些特殊茶種已超過本書要討論的範圍，建議咖啡師在準備沖泡這些茶種之前，先做好進一步的研究。

9
茶

附錄

· 標準數值
· 溫度單位轉換

標準數值

以下列出幾種基本數值供各位參考。這些數值絕大多數出自於目前咖啡業界的標準。其中茶類飲品的數值是我個人認為的一般典型參數，但與國際間通用的實際數值不同。

咖啡、茶與義式濃縮咖啡的沖煮水			
總溶解固體（TDS）	酸鹼值	硬度	鹼度
120～130 ppm（毫克／公升）	7.0	70～80 毫克／公升	50 毫克／公升

滴濾與法式濾壓咖啡		
水粉比例	溫度	總溶解固體，僅適用於滴濾咖啡
3.75 盎司咖啡粉：64 盎司水	攝氏 91～95 度	11,500～13,500 ppm

義式濃縮咖啡			
水粉比例	萃取壓力	萃取時間	溫度
7～20 公克咖啡粉：14～60 公克水	7～9 巴（bar）	20～40 秒	攝氏 85～95 度

茶			
種類	**溫度**	**沖洗與否**	**浸泡次數**
紅茶	攝氏 93～99 度	否	1～2
深烏龍	攝氏 85～91 度	是	3～6
淺烏龍	攝氏 77～85 度	是	3～6
綠茶	攝氏 66～82 度	也許	1～3
白茶	攝氏 71～77 度	也許	2～4
草本茶	攝氏 100 度	否	多樣
所有茶種：1 公克茶葉：3 盎司（約 90 公克）水；浸泡時間 30 秒～4 分鐘。			

溫度單位轉換	
華氏	攝氏
212	100
-	-
204	95.6
203	95.0
202	94.4
201	93.9
200	93.3
199	92.8
198	92.2
197	91.7
196	91.1
195	90.6
194	90.0
193	89.4
192	88.9
191	88.3
190	87.8
189	87.2
188	86.7
187	86.1
186	85.6
185	85.0
184	84.4
183	83.9
182	83.3
181	82.8

專有名詞

酸味（acidity）：咖啡中尖銳、猛然、帶酸且充滿活力的特質。

鹼性（alkaline）：溶液的酸鹼值高於 7.0。

鹼度（alkalinity）：溶液能中和酸性的能力。

香氣（aroma）：一種可被嗅覺系統偵測到的特質。

雙峰（bimodal）：兩種最常出現的模式或數值。

醇厚度（body）：一種在口中感受到飲品帶來的重量與飽滿程度。

無底濾杯把手（bottomless portafilter）：將底部鋸開的濾杯把手，以觀察萃取過程濾杯底部的情形。

沖煮膠體（brew colloids）：懸浮於一杯咖啡中直徑小於 1 微米的物質，由油脂與細胞壁碎片組成。

沖煮強度（brew strength）：溶解於義式濃縮咖啡（或咖啡）的固體（或溶解物質）的濃度。

水粉比例（brewing ratio）：製作一杯咖啡的乾燥咖啡粉與水的比例。

兌水閥（bypass valve）：一個預先決定多少沖煮水會在沖煮期間轉而導向咖啡粉邊緣的側管。

克立瑪咖啡（café crema）：一種超長萃取的義式濃縮咖啡。

通道（channel）：液體高速流穿咖啡粉層的區域。

緊密層（compact layer）：緊密壓實的一層固體物質，可能會在義式濃

縮咖啡萃取過程於咖啡粉餅底部形成。

濃度梯度（concentration gradient）：咖啡粉與周遭液體咖啡固體濃度的差異。

接觸時間（contact time）：也可稱為停留時間（dwell time）。咖啡粉與水接觸的時間。

克立瑪（crema）：義式濃縮咖啡的泡沫，其組成主要為二氧化碳與水蒸氣泡沫被裹在溶液界面活性劑組成的膜中。其中也包含了不可溶的咖啡氣體與固體、乳化油脂與懸浮的咖啡豆細胞壁碎塊。

杯測（cupper/cupping）：一種評估咖啡熟豆與咖啡粉的標準流程。

無感應帶（deadband）：調壓器中在啟動與不啟動之間的區間。

脫氣（degassing/outgasing）：咖啡熟豆釋放的氣體，尤其是二氧化碳。

擴散（diffusion）：液體從高濃度區域往低濃度區域的移動。

乳化（emulsification）：兩種原本互不相溶的液體（例如油和水）經過大力攪拌或添加乳化劑等界面活性劑後，其中一方形成微粒狀，分散於另一方中而互相混合成為均勻狀態。

乳狀液體（emulsion）：在義式濃縮咖啡中，因油與液體不相溶而形成的懸浮微小油滴。

義式濃縮水粉比例（espresso brewing ratio）：乾燥咖啡粉重量與以此咖啡粉製作出一杯義式濃縮咖啡的重量，兩者之間的比例。

萃取（extraction）：從咖啡粉溶出物質。

細粉（fines）：因研磨產生的微小咖啡豆細胞壁碎塊。

細粉遷移（fines migration）：當沖煮液體滲透咖啡粉餅時，連帶搬運

了細粉。

揮指注粉法（finger strike dosing）：一種義式濃縮咖啡粉注粉之後的修整方式，以伸直的手指抹過濾杯表面。

風味（flavor）：結合物質味道與香氣的複合感受。

小白咖啡（flat white）：又譯馥芮白，流行於澳洲及紐西蘭，以義式濃縮為基底的咖啡；咖啡比例較高，咖啡味比拿鐵來得更重。

噴嘴（gicleur）：在義式機沖煮頭上限制水流的小型孔口。

修整（grooming）：義式濃縮咖啡注粉之後，進行咖啡粉餅的整理與表面齊平。

硬度（hardness）：一種計算溶解於水中的鈣離子與鎂離子數量的方式。

熱交換器（heat exchanger）：在義式機鍋爐中的一種小型管路，沖煮水會在流經此管線至沖煮頭的過程中瞬間加熱。

浸潤（infusion）：一種以水浸泡的解決方法。

不可溶（insoluble）：無法溶解於水中。

長萃（lungo）：一杯「長的」義式濃縮咖啡。以重量與水粉比例定義：一杯長萃義式濃縮咖啡的重量，大約是這杯咖啡注粉量重量的三倍。

口感（mouthfeel）：由飲品在口中產生的觸覺。

正常義式濃縮咖啡（normale）：一杯「標準」的義式濃縮咖啡。以重量與水粉比例定義：一杯義式濃縮咖啡的重量，大約是這杯注粉量重量的兩倍。

過度萃取（overextraction）：當製作一杯咖啡或茶時，從咖啡粉或茶葉溶出的物質重量超過理想量。

滲濾（percolation）：水從多孔材質通過。

酸鹼值（pH）：一種計算溶液酸性或鹼性程度的方式。

比例積分微分控制器（Proportional integral derivative, PID controller）：簡稱 PID 控制器，安裝於義式機上，可增進沖煮水溫的穩定度。

預浸潤（preinfusion）：在以完整壓力進行義式濃縮咖啡萃取之前，一段時間短暫的浸潤階段。

壓力曲線（pressure profile）：描述一杯義式濃縮咖啡萃取過程中，壓力隨著時間變化的圖表。

調壓器（pressurestat）：安裝於義式機內的一種機器，能利用啟動與關閉加熱元件，將壓力穩定於預設的範圍之內。

預浸潤靜置（prewet delay）：預浸潤後，暫時中止噴頭注水的階段。

預浸潤（prewet/prewetting）：在滴濾咖啡沖煮的過程中，咖啡粉會先經過這段浸潤，接著短暫靜置之後，沖煮水將從機器噴灑於咖啡粉。

產消型（prosumer）：擁有產業品質水準，但設計給專業等級消費者。

咖啡濃度計（refractometer）：又稱折射計，可用來計算溶液折射率。

短萃義式濃縮（ristretto）：一杯「短的」義式濃縮咖啡。以重量與水粉比例定義：一杯短萃義式濃縮咖啡的重量，大約等同於這杯咖啡的注粉量重量。

水垢（scale）：由水中沉澱出的碳酸鈣。

固體量（solids yield）：在義式濃縮咖啡萃取過程中，從咖啡粉移出的物質重量比例。

可溶（soluble）：可以溶解於水中。

溶解率／萃取率（solubles yield/extraction yield）：在滴濾咖啡萃取過程中，從咖啡粉移出的物質重量比例。

比熱（specific heat）：在重量相同的情形之下，某物質與水分別上升溫度 1 度所需要熱量比例。

特定表面積（specific surface area）：單位體積或重量的表面積。

旋轉（spinning）：延緩牛奶打入蒸汽之後與奶泡分離的技巧。

界面活性劑（surfactant）：任何會降低表面張力的溶解物質。

味道（taste）：舌頭接收到的風味。

溫度曲線（temperature profile）：描述一杯義式濃縮咖啡萃取過程中，溫度隨著時間變化的圖表。

降溫放水（temperature surfing）：一種調整熱交換義式機溫度表現的實作技巧。

熱虹吸循環系統（thermosyphon loop）：義式機內在熱交換器與沖煮頭之間，讓水流循環流動的管路。

總溶解固體（total dissolved solids, TDS）：所有溶解於水且直徑小於 2 微米的物質總和。單位為百萬分之一（ppm）或毫克／公升（mg/L）。

擾動（turbulence）：在沖煮過程中，當咖啡粉與熱水接觸時釋放氣體所形成的狀態，此時咖啡粉、氣體與熱水三者混合。

萃取不足（underextraction）：製作一杯咖啡或茶時，從咖啡粉或茶葉溶出的物質重量低於理想量。

揮發性芳香（volatile aromatic）：增添一杯咖啡香氣的可溶解氣體。

參考資料

1. Petracco, M. and Liverani, S. (1993) Espresso coffee brewing dynamics: development of mathematical and computational models. *15th ASIC Colloquium*.

2. Fond, O. (1995) Effect of water and coffee acidity on extraction. Dynamics of coffee bed compaction in espresso type extraction. *16th ASIC Colloquium*.

3. Cappuccio, R. and Liverani, S. (1999) Computer simulation as a tool to model coffee brewing cellular automata for percolation processes. *18th ASIC Colloquium*.

4. Fasano, A. and Talamucci, F. (1999) A comprehensive mathematical model for a multispecies flow through ground coffee. *SIAM Journal of Mathematical Analysis,* 31 (2), 251–273.

5. Misici, L.; Palpacelli, S.; Piergallini, R. and Vitolo, R. (2005) Lattice Boltzmann model for coffee percolation. *Proceedings IMACS*.

6. Schulman, J. (Feb. 2007) Some aspects of espresso extraction. http://users.ameritech.net/jim_schulman/aspects_of_espresso_extraction.htm

7. Sivetz, M. and Desrosier, N.W. (1979) *Coffee Technology*. Avi Pub., Westport, Connecticut.

8. Cammenga, H.K.; Eggers, R.; Hinz, T.; Steer, A. and Waldmann, C. (1997) Extraction in coffee-processing and brewing. *17th ASIC Colloquium*.

9. Petracco, M. (2005) Selected chapters in *Espresso Coffee: the Science of Quality.* Edited by Illy, A. and Viani, R., Elsevier Applied Science, New York, NY.

10. Heiss, R.; Radtke, R. and Robinson, L. (1977) Packaging and marketing

of roasted coffee. *8th ASIC Colloquium*.

11. Ephraim, D. (Nov. 2003) Coffee grinding and its impact on brewed coffee quality. *Tea and Coffee Trade Journal*.
12. Rivetti, D.; Navarini, L.; Cappuccio, R.; Abatangelo, A.; Petracco, M. and SuggiLiverani, F. (2001) Effect of water composition and water treatment on espresso coffee percolation. *19th ASIC Colloquium*.
13. Petracco, M. (1991) Coffee grinding dynamics. *14th ASIC Colloquium*.
14. Anderson, B.; Shimoni, E.; Liardon, R. and Labuza, T. (2003) The diffusion kinetics of CO2 in fresh roasted and ground coffee. *Journal of Food Engineering*. 59, 71–78.
15. Pittia, P.; Nicoli, M.C. and Sacchetti, G. (2007) Effect of moisture and water activity on textural properties of raw and roasted coffee beans. *Journal of Textural Studies*. 38 (1),116–134.
16. Mateus, M.L.; Rouvet, M.; Gumy, J.C. and Liardon, R. (2007) Interactions of water with roasted and ground coffee in the wetting process investigated by a combination of physical determinations. *Journal of Agricultural and Food Chemistry*. 55 (8), 2979–2984.
17. Spiro, M. and Chong, Y.Y. (1997) The kinetics and mechanism of caffeine infusion from coffee: the temperature variation of the hindrance factor. *Journal of the Science of Food and Agriculture*. 74, 416–420.
18. Water treatment information was gathered from the following sources; any inaccuracies are mine.

    http://www.howtobrew.com/section3/chapter15-1.html

    http://www.aquapro.com/docs/BASICWATERCHEMISTRY.pdf

    http://www.thekrib.com

    www.remco.com/ro_quest.htm (reverse osmosis Q&A)

    www.resindepot.com

    Personal communications with staff of Cirqua Inc.
19. Clarke, R.J. and Macrae, R. (1987) *Coffee. Volume 2: Technology*. Elsevier Applied Science, New York, NY.

20. Spiro, M.; Toumi, R. and Kandiah, M. (1989) The kinetics and mechanism of caffeine infusion from coffee: the hindrance factor in intra-bean diffusion. *Journal of the Science of Food and Agriculture*. 46 (3), 349–356.

21. Andueza, S.; Maeztu, L.; Pascual, L.; Ibanez, C.; de Pena, M.P. and Concepcion, C. (2003) Influence of extraction temperature on the final quality of espresso coffee. *Journal of the Science of Food and Agriculture*. 83, 240–248.

22. Pittia, P.; Nicoli, M.C. and Sacchetti, G. (2007) Effect of moisture and water activity on textural properties of raw and roasted coffee beans. *Journal of Texture Studies*. 38, 116–134.

24. Labuza, T.P.; Cardelli, C.; Anderson, B. and Shimoni, E. (2001) Physical chemistry of roasted and ground coffee: shelf life improvement for flexible packaging. *19th ASIC Colloquium*.

25. Leake, L. (Nov. 2006) Water activity and food quality. *Food Technology*. 62–67.

26. Lingle, T. (1996) *The Coffee Brewing Handbook*. Specialty Coffee Association of America, Long Beach, CA.

27. Zanoni, B.; Pagharini, E. and Peri, C. (1992) Modelling the aqueous extraction of soluble substances from ground roasted coffee. *Journal of the Science of Food and Agriculture*. 58, 275–279.

28. Spiro, M. (1993) Modelling the aqueous extraction of soluble substances from ground roasted coffee. *Journal of the Science of Food and Agriculture*. 61, 371–373.

29. Smith, A. and Thomas, D. (2003) The infusion of coffee solubles into water: effect of particle size and temperature. *Department of Chemical Engineering*, Loughborough University, UK.

30. Illy, E. (June 2002) The complexity of coffee. *Scientific American*. 86–91

編按：英文原書即無編號 23 的參考資料，全書亦無引用編號 23 參考資料之敘述。

國家圖書館出版品預行編目（CIP）資料

義式咖啡的萃取科學：專業玩家、咖啡師必備的完全沖煮手冊；煮出油脂平衡、基底飽滿，適口性佳的濃縮咖啡／史考特．拉奧（Scott Rao）著；魏嘉儀譯. --初版.- --臺北市：方言文化出版事業有限公司，2022.04
224面；17×23公分
譯自：The Professional Barista's Handbook
ISBN 978-986-5480-73-8（平裝）

1. 咖啡　2. 沖煮　3. 生活風格

427.42　　111001217

義式咖啡的萃取科學

專業玩家、咖啡師必備的完全沖煮手冊；煮出油脂平衡、基底飽滿，適口性佳的濃縮咖啡

The Professional Barista's Handbook

作　　者　史考特．拉奧（Scott Rao）
譯　　者　魏嘉儀
審　　訂　余知奇

總 編 輯　鄭明禮
責任編輯　李志煌
業 務 部　康朝順、葉兆軒、林姿穎
企 畫 部　林秀卿、江恆儀
管 理 部　蘇心怡、陳姿伃、莊惠淳

封面設計　吳郁婷
內頁設計　王信中
圖片授權　Fotolia、Shutterstock

法律顧問　証揚國際法律事務所 朱柏璁律師

出版發行　方言文化出版事業有限公司
劃撥帳號　50041064
電話／傳真　（02）2370-2798／（02）2370-2766

定　　價　新台幣480元，港幣定價160元
初版一刷　2022年3月30日

I S B N　978-986-5480-73-8

方言文化